中国科普作家协会原理事长、
中国科学院院士刘嘉麒作序推荐

徜徉科学世界，汲取自然灵气，浓缩历史精华。
让阅读，与众不同。

天文的故事

杨天林 / 著

李 亮 / 审订

科学出版社

北 京

图书在版编目（CIP）数据

天文的故事 / 杨天林著. —北京：科学出版社，2018.10
（科学的故事丛书）
ISBN 978-7-03-053745-4

Ⅰ. ①天⋯ Ⅱ. ①杨⋯ Ⅲ. ①天文学–普及读物 Ⅳ. ①P1-49

中国版本图书馆 CIP 数据核字（2017）第138763号

丛书策划：侯俊琳
责任编辑：田慧莹　程　凤 / 责任校对：何艳萍
责任印制：张克忠 / 插图绘制：郭　警
封面设计：有道文化
编辑部电话：010-64035853
E-mail: houjunlin@mail.sciencep.com

科学出版社 出版
北京东黄城根北街 16 号
邮政编码：100717
http://www.sciencep.com

天津市新科印刷有限公司 印刷
科学出版社发行　各地新华书店经销
*

2018 年 10 月第 一 版　开本：720×1000 1/16
2020 年 1 月第三次印刷　印张：17 1/2
字数：252 000
定价：48.00 元
（如有印装质量问题，我社负责调换）

总　　序
科学中有故事　故事中有科学

人类来源于自然，其生存和发展史就是一部了解自然、适应自然、依赖自然、与自然和谐共处的历史。自然无限广阔、无限悠长，充满着无数奥秘，令人类不断地探索和认知。从平日的生活常识，到升天入地探索宇宙的神功，无时无地不涉猎科学知识，无事无物不与科学密切相关。人类生活在一个广袤的科学世界里，时时刻刻都要接受科学的洗礼和熏陶。对科学了解得越多，人类才能越发达、越进步。

由杨天林教授撰著的"科学的故事丛书"，紧密结合数学、物理、化学、天文、地理、生物等有关知识，以充满情趣的语言，向广大读者讲述了一系列富有知识性和趣味性的故事。故事中有科学，科学中有故事。丛书跨越了不同文化领域和不同历史时空，在自然、科学与文学之间架起了一座桥梁，为读者展现了一个五彩缤纷的世界，能有效地与读者进行心灵的沟通，对于科学爱好者欣赏文学、文学爱好者感悟科学都有很大的感染力，是奉献给读者的精神大餐。

科学既奥妙，又充满着韵味和情趣。作者尝试着通过一种结构清晰、易于理解的方式，将科学的严谨和读者易于感知的心灵联系起来。书中的系列故事和描述引领读者走向科学的源头，在源头和溪流深处追忆陈年往事，把握科学发展的线索，感知科学家鲜为人知的故事和逸闻趣事。这套书让读者在阅读中尽情体会历史上伟大科学家探索自然奥秘的幸福和艰辛，可以唤起广大读者，特别是青少年朋友对科学的兴趣，并在他们心中播下热爱科学的种子。

科学出版社组织写作和出版这套丛书，对普及科学知识，提高民众的科学素质无疑会发挥积极作用。我期待这套丛书早日与读者见面。

中国科普作家协会原理事长
中国科学院院士
2018 年 1 月

前　言

科学的源头在哪里？科学是如何发展起来的？在人类社会的发展和变革中，科学曾经产生了怎样的影响？我们对宇观世界的认识、对宏观世界的认识、对微观世界的认识是如何得来的？

翻开"科学的故事丛书"，你一定能找到属于自己的答案。

作者在容量有限的篇幅中，将有关基础知识、理论和概念融合成一体，在一些领域也涉及前沿学科的基本思想。阅读"科学的故事丛书"，有助于读者从中了解自然演变和科学发展的真实过程，了解散落在历史尘埃里的科学人生及众多科学家的人文情怀，了解科学发展的线索，了解宇宙由来及生命演化的奥秘。借此体验科学本身的魅力，以及它曾结合在文化溪流中、又散发出来的浓烈异香。

本套丛书中，有古今中外著名科学家的趣闻轶事，有科学的发展轨迹，有自然演化和生命进化的朦胧痕迹，有发现和创造的艰难历程，也有沐浴阳光的成功喜悦。丛书拟为读者开辟一条新路径，旨在换个角度看科学。我们将置身于科学精神的溪流中，潺潺而过的是饱含科学韵味的清新语言，仿佛是深巷里的陈年老酒，令人着迷甚至痴醉。希望读者能够通过阅读启发心智、培养情趣、走进神圣自然、感知科学经典。

英国著名历史学家汤因比（Arnold Joseph Toynbee）曾说："一

个学者的毕生事业，就是要把他那桶水添加到其他学者无数桶水汇成的日益增长的知识的河流中。"本套丛书就是一条集合前人学者科学智慧的小溪，正迫不及待地汇入知识河流中，希望能够为不同学科、不同领域间的沟通和交流起到媒介、引导作用，也期望更多对自然科学感兴趣的爱好者能够在阅读中体验到一份来自专业之外的惊喜和享受。

目　录

总序	科学中有故事　故事中有科学	i
前言		iii

第一章	构筑自然的穹庐：古希腊的天文学	1
	一、从荷马时期开始	2
	二、爱奥尼亚学派的天文思想	3
	三、雅典学派的宇宙观念	8

第二章	为天体量身，为宇宙测时：古代中国的天文学	11
	一、古老的观象授时	12
	二、两汉至南北朝时期的天文观测和历法	18
	三、唐宋时期的天文观测和历法	22
	四、郭守敬：集"观象授时"之大成	25
	五、徐光启：精编《崇祯历书》	32

第三章	其他文明古国的历法、天文观测和宇宙观	36
	一、古代埃及	37
	二、两河流域	41

三、古代印度	46
四、伊斯兰教与天文学	47

第四章 "希腊化"和罗马时期的天文学　50

一、最早的"日心说"	51
二、喜帕恰斯：在几何与天文之间	55
三、托勒密：托起铅云	57
四、儒略历	62

第五章 惊世骇俗：哥白尼和他的"日心说"　65

一、奠定基础	66
二、历史背景	68
三、更新宇宙模型	70
四、宇宙是和谐的	73
五、思想的星空	77
六、在寂寞中超越	80

第六章 布鲁诺：带着思想的诺亚方舟远行　82

一、为真理殉道	83
二、思想和信仰的力量	86
三、辩证思考	88

第七章 窥探宇宙奥秘：伽利略的故事　89

一、光的性质与人类的幻想	90
二、伽利略的望远镜	92

三、窥探宇宙奥秘　　　　　　　　　　　95
　　　四、从与教会周旋到平反昭雪　　　　　97
　　　五、打开近代天文学的大门　　　　　101

第八章　第谷·布拉赫：站在"地心说"与"日心说"
　　　　之间　　　　　　　　　　　　　　　103
　　　一、教育背景　　　　　　　　　　　104
　　　二、天文观测　　　　　　　　　　　104
　　　三、徘徊在"地心说"和"日心说"之间　106

第九章　开普勒：为天空立法　　　　　　　　108
　　　一、让思想得到沉淀　　　　　　　　109
　　　二、巧夺天工　　　　　　　　　　　113
　　　三、为天空立法　　　　　　　　　　115
　　　四、没有辜负第谷的嘱托　　　　　　122
　　　五、为光学奠基　　　　　　　　　　123
　　　六、在平凡中孕育伟大　　　　　　　125

第十章　庐山真面目：不一样的彗星　　　　　126
　　　一、因何而存在，因何而远游　　　　127
　　　二、哈雷彗星及其发现　　　　　　　129

第十一章　万有引力支配下的宇宙：从幻想走向有序　135
　　　一、为天体力学奠基　　　　　　　　136
　　　二、数学家的杰出贡献　　　　　　　139

第十二章　拉普拉斯：构建天体力学大厦　142

一、从行星运动到星云假说　143
二、在天体力学之外　147

第十三章　在哲学云雾中：康德的宇宙观　149

一、寂寞人生也充实　150
二、回归哲学　154

第十四章　走向遥远星河的脚印　157

一、发现光行差　158
二、威廉·赫歇尔：在恒星云雾中穿梭　161
三、恒星周年视差的发现　169
四、纸上的预言：海王星的发现　172
五、寻找冥王星的寂寞旅程　176

第十五章　水星：充满悬念的行者　180

一、从传说开始　181
二、揭开神秘面纱　182
三、大气最少　183
四、密度和内部结构　184
五、水星地表的奇观　185
六、水星年和水星日　186
七、水星凌日　187
八、神奇的天文现象　188

第十六章	金星：与神话传说有关	190
	一、初识金星	191
	二、神话传说	193
	三、金星大气	194
	四、高空云层	195
	五、地形地貌	196
	六、火山活动	198
第十七章	火星：地球的近邻	200
	一、红色的诱惑	201
	二、基本特征	201
	三、火星大气	203
	四、火星极冠	204
	五、季节变化	204
	六、地质变迁	205
	七、山脉和环形山	206
	八、火星峡谷	208
	九、远古洪水	211
	十、不规则的卫星	212
	十一、寻找火星运河	213
第十八章	木星：行星世界的众神之王	215
	一、史前人就知道它	216
	二、木星的真面貌	216
	三、卫星众多	220
	四、木星光环	226
	五、木星上有强烈持久的风暴	227

第十九章　土星：比水还轻　　　　　　　　　229
　　一、深植在记忆中　　　　　　　　　　230
　　二、神秘面纱　　　　　　　　　　　　231
　　三、迷人的土星环　　　　　　　　　　234
　　四、色彩缤纷的卫星世界　　　　　　　237

第二十章　天王星：乌拉诺斯的冰与岩　　243
　　一、基本特征　　　　　　　　　　　　244
　　二、天王星的大气和云层　　　　　　　245
　　三、天王星的卫星和光环　　　　　　　246
　　四、奇特的季节交替　　　　　　　　　247

第二十一章　海王星：梦幻的蓝色绵延　　250
　　一、那里极其寒冷　　　　　　　　　　251
　　二、大气组成　　　　　　　　　　　　252
　　三、卫星和光环　　　　　　　　　　　253

第二十二章　冥王星：遥远的矮行星　　　254
　　一、来自冥河的音讯　　　　　　　　　255
　　二、不再是九大行星　　　　　　　　　258
　　三、新视野号探测器的新发现　　　　　261

参考文献　　　　　　　　　　　　　　　263
后记　　　　　　　　　　　　　　　　　265

第章
构筑自然的穹庐：古希腊的天文学

在这一章，我们要去的是古希腊，不仅因为那里风景优美、地形跌宕起伏，还因为那里是科学精神的摇篮，是宗教神话和人类思想的故乡。在天文学方面，古希腊的成就同样出色。

一、从荷马时期开始

　　古希腊是西方文明的摇篮。希腊神话形成于荷马时期，同一时期，希腊的造型艺术也开始萌发。当时，一个叫荷马的盲人诗人将流传于公元前12～前8世纪几百年间的希腊民间神话和传说整理成书，这就是我们今天众所周知的《荷马史诗》，它包括《伊利亚特》和《奥德赛》。《荷马史诗》和那个时代的社会生活孕育了希腊古典文明。

　　在自然地理方面，巴尔干半岛山岳连绵，陆路交通很不方便。自然地理因素使得这里没有形成古代东方国家特有的中央集权体制，而是形成了另一种新型的城邦国家。在主要的城邦国家里，城邦平民在和贵族的抗争中取得了胜利，这些平民在对外贸易和扩展领地的活动中接触到了外来文化。又因为离尼罗河和两河流域不远，古埃及和古巴比伦的天文知识自然就被他们吸收，有一些近水楼台的意思。

　　古希腊城邦国家的这些平民思想比较开放，能够进行自由的科学研究和独立思考。这也决定了当时相对宽松的人文环境。

　　在天文学方面，古希腊更多地吸收了美索不达米亚的成果。古希腊人从古巴比伦人那里获得了黄道十二宫的知识。发达的占星术使巴比伦人精于星象观测，他们准确地记录了日食和月食的时间，从而知道了日食和月食的周期。把圆分为360°也起源于美索不达米亚。在学习借鉴和积累经验的基础上，古希腊人对天文学进行了深入的探索和思考，进而发展了他们的天文学，其特点是理性的成分更多些。像现代科学理论一样，古希腊科学相信一切宇宙现象都可以用人类的理性知识来解释。天文学也不例外。

二、爱奥尼亚学派的天文思想

公元前 6～前 3 世纪是爱奥尼亚自然哲学的繁荣时期。爱奥尼亚自然哲学家们将自然科学与哲学融为一体，追求理性和真知。这期间出现了米利都学派（亦称爱奥尼亚学派）、毕达哥拉斯学派和德谟克利特学派等。每个学派对天和地的理解也不尽相同。

有"科学之父"之称的泰勒斯（Thales of Miletus，公元前 624—前 546）是米利都学派的代表人物。在泰勒斯看来，我们脚下的地球悬在空中，在它四周，即无支撑，也无依靠。月亮的光芒来自太阳，而太阳犹如一个巨大的火炉。从泰勒斯这里，我们知道，真知并非都来自实践，理性分析也很重要，经验和直觉同样不可忽视。

泰勒斯是古希腊第一位自然科学家和哲学家，他曾到过美索不达米亚，并在那里学习了天文学。他认为地球是一个球体（毕达哥拉斯也这么认为），而构成宇宙的基本物质是水。

今日土耳其西部和爱琴海中部诸岛屿就是希腊时期的爱奥尼亚，大约在 3000 年前，希腊部落爱奥尼亚人在此定居并开始了他们的商业活动。商业活动追求利益最大化，在此过程中促成了物资的流动和思想的交流，也有助于他们冒险精神和相对开放的意识的形成，这对科学和哲学的发展很有好处。

地中海东岸的门德雷斯河口一带属于希腊时期一个叫米利都的重要城邦，自古以来，那里都是重要的交通要冲。商业的发达和人口的增加带动了米利都的手工业和航海业，与此相关的还有文化的兴盛。从历史的角度看，东方文化也在此留下了明显印痕。

爱奥尼亚学派

泰勒斯出身于米利都一个奴隶主贵族家庭，他从小就受到了良好的教育。泰勒斯是古希腊著名的哲学家、天文学家、数学家和工程师，据说他还是一位政治家和商人。他招收学生、建立学园，创立了爱奥尼亚自然哲学家学派。他是古希腊时期自发唯物主义的杰出代表，他的思想对科学启蒙有重要的推动作用。在泰勒斯生活的那个年代，古希腊还处于蒙昧状态，寻常百姓对很多自然现象感到迷茫。所以，泰勒斯学园的开办其实是当时社会上特别有意义的事情。

从泰勒斯生平中可以看出地理环境对一个人思想的影响，文献中说泰勒斯早年曾学习过日食和月食的观测、海上船只距离的测算、土地丈量的方法和规则，探讨过万物组成的思想等，这些知识主要源于古巴比伦、古埃及和腓尼基人。据说泰勒斯的学问涉猎了当时人类几乎全部的思想和知识领域，有"希腊七贤之首"美誉的泰勒斯是当时科学思想的汇集者，也是重要的引路人。

泰勒斯在天文学方面有很多研究，太阳的直径最早就是他测量和计算的，而且得出的结果与现今仪器所测相差很小。他根据星座在太空中的位置，告诉航海家怎么确定航行路线以及确定一年的时间。这些研究在当时都具有开创性。

最令人惊奇的是泰勒斯预测了一次日全食，他说，这次日全食将在公元前585年5月28日出现，后来到了那一天，日全食果然出现了，泰勒斯一时享誉爱琴海地区。

据说泰勒斯因为预测了这次日全食而制止了一场战争。当时，亚述首都尼尼微被两河流域下游的迦勒底和米底（主要部分在今日的伊朗）占领，战乱之中的亚述领土也支离破碎。但米底在随后向西扩张的过程中受到了吕底亚王国（在今日土耳其西北部）的顽强抵抗。在哈吕斯河沿岸地区，两国对峙多年而无果，人民群众更是生活在水深火热之中。

泰勒斯厌恶战争，他想利用自己对日全食的预测制止这次战争，便对大家说，上天反对人世的战争，到时候就会以日食警告交战双方。大家对他的话不以为然。到了那一天（公元前585年5月28日），当战争正酣时，突然间日色渐消、天昏地暗，交战双方以为这是上天对自己的惩罚，在惊恐之际停止了战争。虽然这个故事有演绎的成分在内，但泰勒斯预测日食的故事一直流传到了今天。我们特别想知道的是，泰勒斯靠什么预测了日食？

今天我们都知道，日月运行具有很好的周期性，日食和月食同样有规律可寻。后辈学者通过考证指出，迦勒底人发现的沙罗周期才是泰勒斯预测日食的重要线索。一个沙罗周期等于223个朔望月（我国先民把月亮圆缺的一个周期称为一个"朔望月"），时间长度是18年零11日（在这期间如果有5个闰年则是18年零10日）。而且，只有在朔日（农历每月的第一天）才会发生日食。如果某个朔日发生过日食，从那天起，18年零11日后又是朔日，那时候，月亮又回到太阳和地球的连线之间，日食就会再次发生。公元前603年5月18日曾发生过一次日食，那时候，20岁出头的泰勒斯一定印象深刻，也据此推测了公元前585年5月28日的日食，从中可见泰勒斯的聪明和智慧。

泰勒斯的门生阿那克西曼德（Anaximander，约公元前610—前545）将爱奥尼亚自然哲学家们的宇宙观进一步发扬光大。他认为，天体围绕着北极星运动，而大地周围则环绕着空气天、恒星天、月亮天、行星天和太阳天。

阿那克西曼德首先是一位地理学家，其次才是一位天文学家。据我们所知，他似乎是把已知的世界绘成地图的希腊第一人，他也最早发现天空是围绕着北极星旋转的。他得出结论说，大地之上的可见穹窿是一个完整球体的一半，地球就处在这个球体的中心。这一思想的原创性是十分清晰的。后来托勒密的地心说就受此启发。在那之前，人们一直以为，大地是一块无限厚的基础坚实的地板。在古代中国，这一观念就深入人心。我们一直以为脚下的土地是承载生命的唯一支点。

毕达哥拉斯学派另辟蹊径，他们似乎看得更远，试图从数学的角度来思考宇宙的结构和形状。经过一番努力，他们建立了一种宇宙论。在他们看来，球形是最完美的立体几何形状，宇宙的形状也应如此，而地球就处在宇宙的中心，它也是球形。这个学派还认为，天体进行的是匀速圆周运动，自然的和谐皆缘于此。

毕达哥拉斯曾用船的桅杆、星星的高度、月食时的地球影像变化证明地球是圆的。

毕达哥拉斯学派关于天体运动的和谐性思想影响久远，包括文艺复兴之后的天文学家哥白尼和开普勒等都受惠于宇宙的和谐思想。

德谟克利特学派就是我们常说的原子论学派。这个学派认为：万物的本原是原子和虚空，无限的宇宙中包含着无限的原子和无限的虚空。读者可能会问，原子和天文有什么关系？其实，往深里看，天文学的重要任务之一就是研究宇宙的起源和演化，在这个过程中，你不可避免地就会碰到两个最基本的概念层次：宇宙和基本粒子，这其中就包括原子，两者之间绝对有深厚渊源。

其实，提出原子学说并论述其特征的第一人是留基伯（Leucippos，约公元前500—前440）。德谟克利特（Democritus，约公元前460—前370或前356）是留基伯的学生，到了德谟克利特这里，才赋予原子论以古典的哲学形式。

德谟克利特是古希腊最卓越的唯物论哲学家，他一生著述繁多，但很多观点比较激进。所以，他的大部分著作被烧毁，仅保存下来一些零星片段。

他认为：宇宙万物是由最微小、坚硬、不可入、不可分的物质粒子构成的。他把这种粒子称为"原子"。原子在性质上相同，但在形状大小上却多种多样。万物之所以不同，就是由于构成万物本身的原子在数目、形状和排列上有所不同。他还认为：原子总在不断运动，运动是原子本身所固有的性质。无数原子在空间不断运动且互相碰撞而形成世界及其中的事物。宇宙天体也是由原子构成的，甚至人的灵魂也是由原子构成的。这就是德谟克利特的原子论。

这些观点从一个重要方面论证了世界的物质性，对自然界的本质提出了大胆而有创造性的假设，比较深刻地说明了物质结构及运动状态，肯定了运动是物质的属性，因而具有重要意义。

在当时的条件下，德谟克利特的原子论是十分超前的。因为它无法得到科学实验的印证，仅仅是一种臆测。2000多年后，到19世纪初，由于技术手段的提高，德谟克利特的原子论才被科学证实，进而发展成近代的科学的原子论。这也直接或间接地推动了宇宙起源和演化理论的发展。

三、雅典学派的宇宙观念

很多年后，爱奥尼亚学派日渐式微，为数不多的衣钵传人来到雅典，与散落在雅典城邦的哲学家一起促成了雅典学派的兴起。这里先后涌现出很多著名的哲学家或科学家，如柏拉图（Plato，约公元前427—前347）、欧多克斯（Eudoxus，约公元前408—前335）、亚里士多德（Aristotle，公元前384—前322）和赫拉克利特（Heraclitus，约公元前540—前470）。他们在以下几方面做出了卓有成效的贡献：用许多复杂同心球壳的套叠来证明行星的运动（欧多克斯）；用恒星不动的理由说明了天动说的可信性（亚里士多德）；通过观测水星和金星的活动，认为这两个行星绕日运动（赫拉克利特），这对1000多年后哥白尼创立日心说有一定的启发作用。

由于知识的局限和视野的狭小，很多古代人会自然而然地认为，地球静止不动，我们生活在宇宙的中心。

在古埃及金字塔法老墓室的墙壁上，我们就能看到当时人们想象中的"天神"是如何支撑苍穹的。从那些充满想象力的彩色壁画中，我们知道了"太阳神"是如何每天横越天空完成周期性巡行的。

地球是圆的，天穹也是一个旋转不息的球状拱顶，这不仅是古埃及人的观念，也是古希腊人所深信不疑的。柏拉图就曾十分肯定地说，地球的每个方向从顶端到中心的距离都相等，在所有存在中，它是最完美且最像它本身的形状。亚里士多德在他的著作《论天》中使这一认识变成了一个引人注目的信条。

纪元以前的古希腊人对地球的理解不是由于事实的力量，而是由于一种对美学和形而上学的关切。这些丰富的想象，这些基于神话性质对宇宙的理解，这些天象图的对称性和常识性，无不加深着人类对自然的探索，并成为进一步创造的源泉。它有效地推动了哲学、神学和宗教的发展，在一定程度上也为自然科学观的形成积蓄着力量。

柏拉图在《蒂迈欧篇》(*Timaeus*) 中所展示的雄辩形象令人难忘，他告诉人们世界是如何由纯粹的永恒理念和不纯粹的物质构成的。从柏拉图和其他一些著名学者的著作中，我们看到了古希腊哲学的精妙和简洁，甚至他们对世界历史进程的看法，也成为解开创世之谜过程中的重要参考。

爱奥尼亚学派认为宇宙通过进化而来，柏拉图却认为宇宙由创造而来。他认为宇宙是一个充满生命力的有机体，它不仅有灵性，还具有理性。在《蒂迈欧篇》中，他根据宇宙和人，即大宇宙和小宇宙的异想天开的类比，推演出一种关于宇宙性质和结构的见解。这种唯心的机械式的类比，必然导致很多荒谬的结果。这是柏拉图不曾意识到的。

在对宇宙的认识方面，亚里士多德认为：宇宙是一个有限的圆球体。宇宙中央部分由 4 种元素组成，它们分别是土（earth）、气（air）、火（fire）和水（water）。当然，亚里士多德心目中的元素绝不可与今日的元素概念同日而语。亚里士多德在作出这一定论时，应该包含了经验和直觉的成分。

亚里士多德承认地球是圆的，他认为地球是宇宙的中心。他的权威在阻止天文学家接受阿利斯塔克提出的太阳中心说方面起了很大作用。后来，托勒密使地心说理论的地位更加不可动摇。直到 1700 年以后的哥白尼时代，局面才有所改变。

在亚里士多德的物理学中，4 种元素都有各自的恰当位置，它们的归属取决于元素的重量，亚里士多德认为，地球上的运动都是直线进行和终止的，每种元素均自然地以直线形式移向自己的恰当位置。

不过，在地球之外又另当别论。亚里士多德说，天空中的物体永不休止地沿着复杂的圆形轨道运动，并由第五种元素"以太"构成。亚里士多德也没有说清楚"以太"到底是个什么东西，因此，从亚里士多德开始，"以太"始终被一层神秘的面纱笼罩着，这种情况一直持续到19世纪末。

第二章

为天体量身,为宇宙测时:古代中国的天文学

中国是世界文明古国,其天文学发展同样历史悠久。天文学也是中国古代最发达的四门自然科学之一,其余三门是农学、医学和数学。

在天文学发展方面,既有不断创新的历法,又有令人惊羡的观测技术和卓有见识的宇宙观。中国古代天文学的成就大体包括三个方面:天象观测、仪器制作和编订历法。

一、古老的观象授时

人们的农业生产和日常生活离不开天文。作为农业民族，华夏先民很早就开始观测气象、制作仪器和编订历法。

1. 春秋以前

考古资料和历史典籍告诉我们，在帝尧时代，中国就有了专职天文官，其任务是"观象授时"，那是 4000 多年前。当时人们已经知道一年的天数，懂得用黄昏时南方天空所看到的不同恒星来划分春夏秋冬四季。

《夏小正》一书据说是夏朝流传下来的，书中记录了许多天文、气象、物候和农事知识，其中天文方面提到北斗斗柄每月所指方向有变化。从甲骨卜辞中可考证出，殷商时代用干支记日、数字记月，规定大月 30 日、小月 29 日，闰月置于年终。

《诗经》是我国第一部诗歌总集，其中不乏天文现象描述，如"七月流火"（出自《诗经·七月》），意即七月的大火星向西偏（大火星即心宿二，天蝎座的 α 星）；"三星在户"（出自《诗经·绸缪》），意即抬头从门框里可以望见河鼓三星（河鼓三星即天鹰座三星）等。这些都是古人对天象的一种解释。

自古以来，在几乎所有人心目中，"天"都居于至高无上的位置。古代社会，人们心中最大的敬畏一定是天，其次才是祖先。从"天子"这一称谓不难理解这一问题。在古代，专门从事天象观测和预言的人不会是凡人，因为他们与天和时间打交道。在精神上，他们有崇高的地位；在物质上，他们有优厚的待遇。这一职业本身为他们赢得尊严。翻阅一下中国历史，你就会发现，几乎所有"观象授时"的人都有令人相当羡慕的行政级别。

不过，最初的"观象授时"远在人类文字的起源之前。从原始社会起，中国大地就开始了星象观测的艰难历程。仰韶文化时期的劳动人民在他们心爱的彩陶作品上描绘过光芒四射的太阳，零星记载了太阳的变化。

在茹毛饮血的年代，我们的祖先遵循的作息时间是"日出而作，日落而息"，那是大自然为人类安排好了的。他们对时间的把握基本上就以天上的太阳为准，日升日落现象一次又一次地让人们悟出了"一天"是怎么一回事。到了商代，时间的划分更加细致些，当时，一天的时间概念按顺序是黎明、清晨、中午、午后、下午、黄昏和夜晚，虽然略显粗糙，但也基本够用。

最早的星象记录既包括天空中的星体种类、数目和位置，也包括日食、月食、太阳黑子、日珥、流星雨等罕见天象，其时间之久远、记载之丰富、描述之详尽、观察之仔细世所罕见，这些记载推动和促进了古代中国天文学的发展，至今仍具有很高的科学价值。这种情况在河南安阳出土的殷墟甲骨文中有充分表现。

2．春秋战国时期

春秋战国时期，我国的天文历法有了明显发展。当时，各诸侯国出于各自农业生产和星占方面的需要，都十分重视天文的观测记录、研究和历法的确定。司马迁（约公元前145—前90）在《史记·历书》中说："幽厉之后，周室微，陪臣执政，史不记时，君不告朔，故畴人子弟分散，或在诸夏，或在夷狄。"书中的"畴人"就是世代相传的天文历算家。

春秋时期的天文学继承了商代的观测传统，并有所进步。到战国时期，天象观测有了更多数量化的记录。《春秋》和《左传》中有很丰富的天文观测资料,《礼记·月令》中描述了太阳和恒星的位置变化,其基本参照系是二十八宿。公元前722~前481年,共记有37次日食。

与古希腊人不同,我国战国时期的天文学家不是通过一个清晰的地球观念来考虑宇宙结构的,而是从天文观测开始他们探索苍穹的历程。

甘德(生卒年不详,大约生活在公元前4世纪中期)是战国时期著名的天文学家,是中国天文学的先驱者之一。司马迁在《史记》中说他是齐国人,但也有人说他是楚国人。那个时代,诸侯割据,天下纷争,一个有理想的人经常到处漂泊,或输出思想,或卖弄学术。所以,甘德是哪国人并不重要,重要的是他在天文学领域做出了重要贡献。

据文献记载,甘德主要在齐国为官或游学,他的活动年代当在公元前4世纪中期,他或许见过齐威王和齐宣王。当时的齐国是天下知识分子心目中的理想国,因为那里是一个学术中心。诸子们背着竹简,骑着毛驴,跋山涉水,云集稷下,终于在那个乱世里找到了一种"百花齐放、百家争鸣"的氛围。甘德就是百家中的一家,而且是代表性人物。甘德著有《天文星占》八卷、《甘氏四七法》一卷。

石申(又名石申夫,生卒年待考)也是战国中期的天文学家占星学家,比甘德略晚些,是开封人。开封这个地方约在战国时期的魏国境内。石申曾系统地观察了金、木、水、火、土五大行星的运行,发现了其运行规律,测定了121颗恒星方位。这些数据是后世天文学家进行研究的重要参考资料。石申曾著有《天文》八卷,原书遗失。

到了西汉时期,天文学家们广泛搜集先秦时期的天文资料,在拾遗补缺的基础上终于编成了《石氏星经》和《浑天图》。今天,在月球背面的环形群山中,有一座山就是用石申的名字命名的,说明他的工作在2000多年后仍然没有被人们忘记。

历史上将甘德与石申相提并论,并把两人的著作合称为《甘石星经》,是当时天文观测资料的集大成之著作,书中有世界上最古老的星表。

《甘石星经》是世界上最早的天文学著作之一，其在中国和世界天文学史上都占有重要地位。《甘石星经》在宋代失传，今天只能从唐代《开元占经》里见到它的片段摘录，里面的恒星表比古希腊的伊巴谷（Hipparcos）星表还要早200年。

3. 测天计时的仪器

古代中国的"观象授时"离不开以下几样仪器：圭表、日晷、漏刻和浑仪。

在创制天文仪器方面，古代劳动人民做出了杰出贡献，他们在漫长的岁月里创造性地设计和制造了许多种精巧的观察和测量仪器。在这些仪器中，最古老、最简单的是土圭，也叫圭表。我们的祖先用它来度量日影的长短，从而推测一天的大致时间。它的功能说起来也是简单得不能再简单，但却非常重要。

没有人知道第一个圭表是什么时候出现的、是谁做的。笔者认为，那一定是古代劳动人民集体智慧的结晶。在非常久远的年代，人们就发现，房屋、树木等物体在太阳光下会投射出自己的影子，这些影子的变化有一定规律。受此启发，他们就在平地上直立一根杆子或石柱来观察影子的变化，这根立杆或立柱就叫作"表"；用一把尺子测量表影的长度和方向，就可知道时辰。再后来，人们又发现正午时的表影总是投向正北方向，就把石板制成的尺子平铺在地面上，与立表垂直，尺子的一头连着表基、另一头则伸向正北方向，这种把用石板制成的尺子叫"圭"。正午时分，表影投在石板上，古人就能直接读出表影的长度值。这样一种既简单又重要的测天仪器就是圭表，它由垂直的表（一般高八尺）和水平的圭组成。圭表这种仪器演绎到后来，能够测定冬至日所在，并进而确定回归年的长度。

经过长期观测，古人知道了一天之中正午的表影最短；一年之内夏至日的正午是表影最短的时刻；而冬至日的正午是表影最长的时刻。基于这个简单的道理，古人就以正午时的表影长度来确定节气和一年的长度。举个例子，连续两次测得表影的最长值，这两次最长值相隔的天数，就是一年的时间长度，古人很早就知道一年是 365 天多一点的秘密原来藏在这里啊。从中可见圭表的重要性。

　　古代的圭表几乎被淹没在时间的长河里，现在已很少见。但在河南登封的古观星台上，还保存着一个巨大的圭表，在 40 尺的高台上，有一个 128 尺长的表，当地人也叫量天尺，是现存最古老和最完整的。

　　日晷是中国古代的另一种测时仪器，又称"日规"，利用其上的日影即可测量时刻，当然，那必须是艳阳高照的好天气，至少能清楚看出日影的变化。

　　日晷一般由铜制的指针和石制的圆盘组成。铜制的指针垂直地穿过圆盘中心，叫"晷针"，起着圭表中立杆的作用，因此，晷针又叫"表"，石制的圆盘叫"晷面"，安放在石台上，南高北低，使晷面平行于天赤道面。这样，晷针的上端正好指向北天极，下端正好指向南天极。

　　在晷面的正反两面刻画出 12 个大格，每个大格代表两个小时。当太阳光照在日晷上时，晷针的影子就会投向晷面；当太阳由东向西移动时，投向晷面的晷针影子也慢慢地由西向东移动。移动着的晷针影子好像是现代钟表的指针，晷面则是钟表的表面，以此来显示时刻。

　　从春分到秋分期间，太阳总是在天赤道的北侧运行，因此晷针的影子投向晷面上方；而从秋分到春分期间，太阳在天赤道的南侧运行，晷针的影子则投向晷面的下方。所以在观察日晷时，首先要了解两个不同时期晷针的投影位置。

　　漏刻是另一种计时工具，而且几乎是世界通用。几个文明古国都记载过漏刻的使用。漏是指计时用的漏壶，刻是指划分一天的时间单位，它通过漏壶的浮箭来计量一昼夜的时刻。

　　后来，漏刻越做越精致，承接水的容器内有一根刻有标记的箭杆，它相当于现代钟表上显示时刻的钟面，用一个竹片或木块托着箭杆浮在水面上，容器盖的中心开一个小孔，箭杆从盖孔中穿出，这样的容器叫"箭壶"。随着箭壶内承接的水逐渐增多，木块托着箭杆慢慢地往上浮，古人从盖孔处看箭杆上的标记，就能知道具体的时刻。

有两种方法可以为漏刻计时，一种是泄水型，另一种是受水型。漏刻计时的好处在于，即使是阴天或下雨天，也不受任何影响，因为它只借助于水的运动，这种计时系统的独立性、随意性和可操作性都很明显。但是，后来的人还是发现了它的一些缺点，如漏壶内的水多时，流速较快；水少时，流速就会变慢。这显然会影响到计时的精度。发现了问题所在，就可以采取补救措施，其实也很简单，就是在漏壶上再加一只漏壶，水从下面漏壶流出去的同时，上面漏壶的水可以源源不断地把同样多的水补充给下面的漏壶，使下面漏壶内的水均匀地流入箭壶，这样测得的时间相对精确，但是这一套仪器却更加累赘了。

发明了计时仪器漏刻后，通常采用将一天的时间划分为一百刻的做法，夏至前后，"昼长六十刻，夜短四十刻"；冬至前后，"昼短四十刻，夜长六十刻"；春分、秋分前后，昼夜就是各五十刻。尽管白天和黑夜的长短不一样，但昼夜的总长不变，都是每天一百刻。

在北京故宫博物院，有一个保存完好的铜壶漏刻，制造于1745年。最上面漏壶的水从雕刻精致的龙口流向下壶，箭壶盖上有个铜人仿佛抱着箭杆，箭杆上刻有96格，每格15分钟，人们根据铜人手握箭杆处的标志来报告时间。也许现在你忽然明白，我们常说的一刻钟的"刻"原来跟一种叫作漏刻的计时仪器渊源深厚啊。

在很久很久以前，"浑"这个字使用的频率非常高，一说到"浑"，人们头脑中首先显现的就是模糊的圆球。我们的祖先认为，天是圆的，形状像蛋壳，出现在天上的星星就附着在蛋壳上，地球就是那个蛋黄，这就是古代中国人的"浑天"思想。

站在蛋黄上的人测量日月星辰的位置其实是一件很不容易的事。这种观测天体位置的仪器就是"浑仪"。用"浑仪"测天有悠久的历史。

早期浑仪的结构并不复杂，主要包括三个圆环和一根金属轴。最外面的那个圆环固定在正南北方向上，叫"子午环"；中间固定着的圆环平行于地球赤道面，叫"赤道环"；最里面的圆环可以绕金属轴旋转，叫"赤经环"；赤经环与金属轴相交于两点，一点指向北天极，另一点指向南天极。赤经所在的环面上装着一根望筒，它能够灵活地绕赤经环中心转动。实际观测的时候，用望筒对准某颗星星，根据赤道环和赤经环上的刻度来确定这颗星星在天空中的位置。再后来，"浑仪"做得更加复杂、更加精巧，用途也大大扩展了。

二、两汉至南北朝时期的天文观测和历法

1. 落下闳：改进浑仪

说到"浑仪"，我们就想起了落下闳（公元前156—前87）这个人。落下闳是中国西汉时期的著名天文学家，他的杰出成就主要表现在历算和天文学两个方面。

虽然"浑天"的思想战国时期就有，但落下闳无疑是浑天说的创始人之一。经他改进的赤道式浑仪，是古代中国很时髦而且使用年代很长的一种测天仪器。当然，落下闳背后是一个研究团队，他就是那个团队的首席科学家。

西汉初年，农业发展对历法改革提出了新的要求。汉武帝（公元前156—前87）元封年间（公元前110—前105），为了改革历法，广招天下英才，一时间，那些对天文和历算有深厚造诣的天文学家齐聚长安接受大考，最终胜出的就是落下闳。

汉武帝采用了落下闳的历法，也就是历史上著名的《太初历》。《太初历》共施行了189年，不算短吧，那可是中国历史上有文字可考的第一部优良历法。《太初历》虽然精度较差，但在很多方面是今天农历的基础，这部历法出现后，以它为框架，就发现了日食和月食的周期性，是天文学的一大进步。

公元前1世纪，在改定《太初历》时落下闳使用了浑仪，可能是

用来测量赤经和赤纬弧度的。其后，公元1世纪的耿寿昌（生卒年不详，西汉天文学家）造了浑象，发现日、月每天运行的赤道度数不均匀，于是，付安在赤道浑仪上加上了黄道环，贾逵又制作了黄道铜仪。东汉的张衡制作了水运浑天仪，用来显示天象和天文时间，他还测定了黄赤交角。

汉代的帛书《五星占》保持了占星传统，描述了客观记录的五行星对人世的影响，但它的天文观测是精确而全面的，并且开始出现行星会合周期的研究。它把五星与五神、五行、五用明确联系在一起，与汉代典籍相合。

《史记》在这方面又前进了一步，它对星宿的划分甚至命名都按照政治结构进行，这已不同于战国人主要把天体看作自然的一个系统，而是赋予它们更多的社会观照和象征色彩。

2. 张衡：发展浑天说

东汉时期的张衡（公元78—139）有很多头衔，如科学家、文学家、发明家，甚至还包括政治家。这一系列光环似乎拉开了张衡与我们的距离，觉得这个人有些遥不可及，但他在科学方面做出的贡献是实实在在的。可以说，他在世界科学文化史上树起了一座丰碑。

张衡从其天文学中发展出了浑天说，认为天体像一个弹丸。浑天说认为，天球之外还有无穷的"宇"。比张衡早的郗萌提出了宣夜说。他认为，大体无质并且无穷，他还认为星体浮在大中，对于澄清大体与星体的关系和明确宇宙结构有很大帮助。

在天文仪器制造方面，张衡发明创造了"浑天仪"。公元117年，世界上第一台用水力推动的大型天文仪器应运而生，这台仪器使星象观测更加有效。在多年观测和思考的基础上，张衡写出了《浑天仪图注》和《灵宪》两部书，书中绘制了完备的星象图，张衡还提出了"月光生于日之所照"之见解，在天文学的理论和实践两方面开了一代先河。

在写《灵宪》和创制浑天仪的时候，张衡正好在太史令任内，行政事务相当繁忙。他只能挤时间。《灵宪》是张衡多年的实践经验与理论研究的结晶,也是世界天文学发展史上不可多得的遗产。

《灵宪》全面论述了日月星辰的本质及其运动,涉及天地生成、宇宙演化、天体结构等问题,他所研究的对象是当时社会发展急需解决的重大课题。《灵宪》将我国古代的天文学水平提升到了一个前所未有的新高度,使我国当时的天文学研究居于世界领先水平,并对后世产生了深远影响。

张衡不仅是科学上的大家,也是文学上的天才。汉赋的转变,由他开端绪。他写过很长的《二京赋》(包括《东京赋》和《西京赋》)。他的《二京赋》与班固的《两都赋》极尽铺陈之能事,描写了当时长安和洛阳的物产、形势和山川等,使一个远去的时代重新变得清晰了,也为他在中国文学发展史上赢得了一席之地。

3. 祖冲之:精编历法

论及古代中国的天文学发展也不能绕过祖冲之(公元429—500)。说到祖冲之,我们就想到圆周率π,祖冲之不仅是著名数学家,也是中国历史上著名的天文学家。

祖冲之从小就受到良好的启蒙教育和家庭教育。爷爷给他讲"斗转星移",父亲培养他对经书典籍的爱好。家庭的熏陶再加上自己的勤奋,使他对自然科学、文学和哲学产生了浓厚兴趣,在青年时代就有博学之名声。

祖冲之算出圆周率(π)的真值在3.1415926和3.1415927之间,他是世界上第一位将圆周率值计算到小数第7位的科学家。祖冲之还给出了圆周率(π)的两个分数形式:22/7(约率)和355/113(密率)。祖冲之对圆周率数值的精确推算,是中国对世界数学发展的重大贡献,后人将"约率"用他的名字命名为"祖冲之圆周率",简称"祖率"。圆周率是宇宙常数,其应用非常广泛,尤其是在天文、历法方面,因为凡牵涉到圆的一切问题,都绕不过圆周率这个常数。

公元4世纪之前,中国社会一直采用19年7闰,这种置闰方法施行了 1000 多年。到了公元 412 年，北凉历算家赵歐编制《元始历》，才打破了这种置闰限制，规定在 600 年中间插入 221 个闰月。祖冲之认为，19 年 7 闰的闰数过多，每 200 年就要差一天，而赵厞 600 年 221 闰也不十分准确。祖冲之深入研究了赵厞的理论，加上自己的观察，提出了 391 年 144 闰的新闰法。

按照祖冲之的推算，一个回归年的长度为 365.242 814 81 天，与今天的推算值仅相差 46 秒，可见其精密程度。一直到南宋，在《统天历》中，才采用了比这更精确的数据。

我们知道，一个不受外力影响的刚体在做旋转运动时，其方向和速度不变。但地球表面凹凸不平、形状也不规则，它在运行时常受到其他星球引力的影响，因而旋转的速度总要发生一些周期性的变化，不可能绝对均匀一致。

因此，当地球绕太阳运行一周（一年的长度）时，不可能完全回到上一年的冬至点上，总要相差一个微小距离。这种现象就叫岁差。

随着天文学的发展，中国古代科学家们渐渐发现了岁差的现象。西汉的邓平（汉朝初期人，汉武帝时为官）、东汉的刘歆（约公元前 50—23）、贾逵（公元 30—101）等人都曾观测出冬至点后移的现象，不过他们都还没有明确地指出岁差的存在。

东晋初年的天文学家虞喜（公元 281—356）意识到岁差现象的存在，他主张在历法中应该引入岁差。祖冲之继承了前人的科学研究成果，进一步证实了岁差现象的存在，算出岁差是每 45 年 11 个月后退一度，而且把岁差现象纳入历法编制中。

祖冲之提出，月亮相继两次通过黄道、白道的同一交点的时间（即"交点月"）长度为 27.212 23 日，与现今推算值仅相差十万分之一日（不到 1 秒），这在我国天文学史上还是第一次。祖冲之在制定的《大明历》中，应用交点月推算出来的日食、月食时间比过去准确，与实际出现日食、月食的时间都很接近。

经过实际观测，祖冲之发现比他稍早的天文学家何承天（公元 370—447）所编的《元嘉历》中有许多错误，于是他着手编撰《大明历》。在《大明历》的编纂过程中，祖冲之注意区分了回归年和恒星年，将岁差引进历法，提出了用圭表测量正午太阳影长以定冬至时刻的方法，采用了 391 年加 144 个闰月的置闰新方法，将一个回归年为 365.24281481 日的推算结果写进了《大明历》中。《大明历》所用的这些基本天文数据有相当高的精度，对后世历法制定有重要参考价值。

除此之外，祖冲之也是一位机械制造师，他改良和设计制造过的机械包括水碓磨、指南车、千里船和定时器等，推动了当时社会科学技术的发展。

三、唐宋时期的天文观测和历法

1. 一行：编撰《大衍历》

僧人一行（公元 683—727）是唐代著名的天文学家和佛学家。一行原名张遂，《旧唐书》中说他是魏州昌乐人，而且还是襄州都督、郯国公公谨之曾孙。其家世还是挺显赫的，到了武则天时代，张氏家族已经衰微了。

不过，一行自幼聪明，读书很多，到 20 岁左右，已经博学多识，尤其精通阴阳五行学说。他曾写了一本阐释《太玄》的专著，《太玄》的作者可是大名鼎鼎的扬雄（公元前 53—公元 18），西汉著名的哲学家和文学家。在《太玄》一书中，扬雄将源于道的玄作为最高范畴，并在构筑宇宙生成图式、探索事物发展规律时，以玄为中心，深刻阐述了老子的道家思想。

青年时期，一行出家，精修佛学和天文历法，一行先后在嵩山、天台山、当阳山学习佛教经典和天文数学。逐渐修炼成为知识渊博的隐士。他还翻译过多种印度佛经，后成为佛教密宗的领袖。

中宗神龙元年（公元705年），武则天（公元624—705）退位后，唐王朝多次召他回京，他都以各种理由拒绝。直到开元五年（公元717年），唐玄宗李隆基（公元685—762）派专人去荆州接他，还派了他的族叔充当说客，他才磨磨蹭蹭地来到长安，实现华丽转身，成为国家天文历法的最高掌门人，而天文历法是当时社会最热门其实也是最神秘的学科。此时的一行已过不惑之年，对人生的追求或许会有新境界。

来到长安后，唐玄宗交给一行的主要任务是修改旧历，制定新历。因为根据当时流行的《麟德历》[由天文学家、太史令李淳风（公元602—670）主持编制]进行的几次日食预报都不准。一行网罗了一批天文学家，组织了一个研究团队来完成天子交给他的光荣使命。

他们的研究从观测天象开始，特别是直接观测太阳在黄道上的视运动，以此作为改历的基础。他使用一种叫黄道游仪的仪器系统地观测了日月星辰的运动，将有关资料记录在案，在废除过时数据的同时，及时补充了更符合天象的数据。

一行还组织领导了范围广大的大地测量，测量结果纠正了古天文算学著作《周髀算经》中关于子午线"王畿千里，影差一寸"的错误说法，对人们正确认识地球有重要启发。

从开元十三年（公元725年）起，一行开始编制历法。经过两年时间，基本完成，还没来得及将研究成果上报给玄宗皇帝，一行就因病去世。在宰相张说（公元667—730）将一行和尚的遗著上报给玄宗皇帝后，皇帝下诏书命令使用一行撰写的新历。

后来，张说和天文学家陈玄景等将一行的遗著整理成书，这就是中国历史上有名的《大衍历》。从开元十七年起，根据《大衍历》编算的历书开始在全国颁行。《大衍历》比唐代已有的其他历法都更精密，是当时最好的历法。开元二十一年，《大衍历》传入日本。

唐朝的科学技术只是蓄势阶段，到了宋代，中国的科学发展和技术更新才变得更加灿烂。

2. 沈括：主持修成《奉元历》

在北宋时期，有一位非常博学多才、成就卓著的科学家，他就是沈括（1031—1095）。沈括不仅精通地理，而且对天文、数学、医学、农业等学科也颇有研究。沈括不仅是一位科学家，也是一位政治家。

沈括在参中编校昭文馆书籍的工作中，开始学习和研究天文学，也进行天文观测。那时候，他刚过而立之年。熙宁五年（1072年），沈括主持司天监工作，大力引荐人才，整顿机构，更新天文仪器，强调实际观测，修订历法。熙宁八年（1075年），《奉元历》修成，并颁布施行。

在制造新浑仪时，对传统的浑仪结构进行改进，取消了其上不能正确显示月球公转轨迹的月道环，放大了窥管口径，提高了观测精度。到元世祖至元十三年（1276年），郭守敬的新式测天仪器简仪就是在这个基础上制造的。

沈括认识到，岁差现象引起天象的变化是一种自然规律。他认为，月亮是因为受太阳光照射发光而产生圆缺变化。他生动地描述了常州陨石的坠落过程，并准确地判断出其成分是铁。

沈括把自己的观察和思考都记录在了《梦溪笔谈》中。该书是沈括在生命最后的隐居地梦溪园写成的，内容包括天文地理、数理科学、实用技术、军事政治和历史考古等。

《梦溪笔谈》反映了我国古代特别是北宋时期自然科学取得的辉煌成就。《梦溪笔谈》不仅是我国古代的学术宝库，在世界文化史上也占有重要地位。沈括是我国历史上最卓越的科学家之一，英国学者李约瑟称他为"中国科学史中最卓越的人物"。

四、郭守敬：集"观象授时"之大成

1. 生活背景

生于13世纪的郭守敬（1231—1316）对中国古代科学的贡献与张衡不相上下。1231年，郭守敬出生在河北邢台。当时的社会可以用"战乱不断"一词形容。邢台本来属于宋朝，建炎二年（1128年）被金人夺去，1220年，又落入蒙古人手中。1234年蒙古人灭金，1279年，南宋全境沦陷。郭守敬并不属于严格意义上的宋人，他的一生几乎是在蒙古人统治的社会里度过的。

蒙古人是游牧民族，更早的时候，他们经常在金朝北方一带骚扰，对于以农耕为生的社会来说，蒙古人的骚扰具有极大的掠夺性和破坏性。他们所到之处，农田水利遭到严重破坏，人口大量减少，生产急剧下降。

到了元世祖时代，统治者意识到过去所作所为的负面作用，在华北地区封建势力代表人物的支持下，逐步进行了一些制度改革，改变了过去那种野蛮的杀掠方式，实行鼓励农桑的措施。因此，华北一带的农业生产才逐渐恢复起来。

农业生产要顺应天时，农田排灌需要水利建设。在那样的环境下，对天文历法的研究和水利工程技术的改进就成为迫切的要求。郭守敬的人生正好应和了这一需要，或者说，这样的社会需要也为郭守敬提供了表演的大舞台，这与他在科学技术方面做出了很大贡献有密切关系。

2. 教育背景

历史记载，郭守敬的祖父郭荣是金元之际一位颇有名望的学者，精通五经，熟知天文和算学，还擅长水利技术。郭荣一边教郭守敬读书，一边领着他观察自然现象，体验实际生活。有这样一位祖父，郭守敬的启蒙教育比一般孩子不知要好多少倍。据说郭守敬从小就喜欢自己动手制作各种器具。有人说他是"生来就有奇特的秉性，从小不贪玩"。

这个从小不贪玩的孩子在十五六岁时就显露出了科学才能。那时他得到了一幅"莲花漏图"。他仔细研究了图样后，居然摸清了莲花漏的制作方法。

莲花漏是北宋科学家燕肃在古代漏壶的基础上改进创制的，它是一种计时器。莲花漏由几部分构成，上面有几个漏水的水壶，水壶水面高度的配置经常不变。因为水面高度不变，往下漏水的速度也就保持均匀。水流速度均匀，在一定时间内漏下的水量不变，这就解决了水流忽多忽少的问题。这也意味着，漏下的水量跟时间有了准确的对应关系。

郭荣曾把郭守敬送到刘秉忠（1216—1274）门下学习。刘秉忠精通经学和天文学，是郭荣的同乡和朋友。当时他为父亲守丧，郭守敬在他那儿得到了很大教益，并结识了后来对他有很大帮助的王恂（1235—1281）。王恂比郭守敬小4岁，也是一位杰出的数学家和天文学家。他们后来在天文历法研究中共同合作，做出了卓越的贡献。郭荣确实了不起，他深知教育多元化、知识互补性和生存环境对一个人成长的重要性。

3. 改进仪器，修订旧历

天文研究在中国有悠久历史。西汉以后，国家天文台的设备和组织已经达到相当完善的地步。它的主要任务之一是编制历法。中国古代的历法内容十分广泛，包括日月运动、位置推算、日历编制、五大行星的位置预报、日食月食的预测等。

农耕社会离不开历法,因为它关系到生产、生活的诸多方面,甚至还关系到国家政治、重大出行、宗教祭祀等活动。因此,皇帝历来重视这项工作。另外,一种历法用久了,误差积累到一定程度就不可忽略,这时候就需要重新修订。每一次修订,都可能会带来历法的一些重大创造和革新,如天文数据的精密化、天文理论的新进展和计算方法的新发明等。历法的演变是任何一个文明社会都会经历的一件大事。

元朝初年,沿用当年金朝的《重修大明历》。这个历法于1180年修正颁行。几十年后,积累的误差已不可忽略,发生过好几次预先推测与实际观测不一致的事情,重修历法不得不提上议事日程。

1276年,南宋首都临安沦陷,蒙古迁都大都,采纳了已故大臣刘秉忠的建议,决定改订旧历。元世祖下令在新的京城里组织历局,调动人员着手工作。这项工作名义上由张文谦(1216—1283)领导,实际负责历局事务和具体编纂工作的是精通天文和数学的王恂与郭守敬。王恂与郭守敬都是刘秉忠的弟子,而且是很要好的朋友。王恂负责计算;郭守敬负责制造仪器,进行实际观测。

古代社会,制定历法时,首先要完成一系列天文观测,这项工作需要两类仪器:一类是圭表,用于测定二十四节气,特别是冬至和夏至的确切时刻;另一类是浑仪,用于测定天体在天球上的位置。

金朝的燕京也有浑仪和圭表,那是北宋灭亡时他们从汴京弄来的,是很久以前的仪器,古老且破旧,虽经修整,但仍然满足不了天文观测要求。郭守敬不得不创制一套更精密的仪器,以便为改历工作提供技术支撑。

郭守敬做的第一项工作就是改进圭表。这种仪器看起来简单,制造工艺却不简单。创制一个实用的圭表有两个问题需要解决。一个是表影边缘不清晰。越靠近边缘,阴影越淡,这导致很难看到影子的尽头在哪里。影子的边界不清,影长自然就测不准确。另一个是测量影长的技术不够精密。古代测量长度的标尺一般只能量到分,往下可以估计到厘，即十分之一分。按照千年来的传统方法，测定冬至那一刻表影的长，如果量错一分，就足以使按比例推算出来的冬至时刻有一个或半个时辰的出入。这个误差已经很大了。

此外，旧圭表只能观测日影，对于很微弱的星光和月光，就几乎不起作用了。唐宋时期的科学家们做过很多努力，试图解决这些问题，始终没能如愿。

困难就在眼前，关键是如何去解决。郭守敬分析了造成误差的原因，然后针对各个原因寻找解决办法。郭守敬从四个方面做了改进。第一，他把圭表的表杆加高到原来的5倍，这样，观测时的表影也成倍放大，同时将表杆由木制改为金属制。表影越长，按比例推算各节气时刻的误差就越小。第二，他创造了一个叫"景符"的仪器，使照在圭表上的日光通过一个小孔，再射到圭面，这时候，阴影的边缘就很清楚，可以量取准确的影长。第三，他创造了一个叫"窥几"的仪器，使圭表在星光和月光下也可以进行观测。第四，他改进量取长度的技术，原来只能量到"分"位，改进以后可以直接量到"厘"位，而估测值也相应地从原来的"厘"位提高到"毫"位。

1277年夏天，郭守敬完成了圭表改进工作，并用于测定二十四节气的准确时刻。效果相当不错，元世祖忽必烈（1215—1294）对这台仪器赞不绝口。今天，河南省登封县还保存着一座砖石结构的观星台，其中主要部分就是郭守敬的圭表。这个圭表因地制宜，利用一座高台的一边作为表，台下用36块巨石铺成一条长10余丈的圭面。当地人称之为"量天尺"。

郭守敬做的第二项工作是改进浑仪。

战国末期，中国天文学家发明了浑仪，两汉时期有了明显改进，及至唐宋，中国的浑仪很像那么回事了。浑仪的结构映衬着中国人心目中的理想图形，即永不停息转动着的圆球。

在这个圆球里，是重重嵌套着的圆环。一些圆环可以转动，另一些圆环不能转动。在这些重重叠叠的圆环中间夹着一根细长的管子，叫窥管。所谓窥管就是通过它可以观测某物。将窥管瞄准某个星球，从那些圆环上就可以推断这个星球在天空中的位置。

这种仪器的外形像一个浑圆的球，这就是浑仪名称的由来。浑仪是中国古代天文仪器中一件十分杰出的作品。

北宋留下来的浑仪在结构上有很大缺点。缺点之一是球的空间有限，在有限的空间里面大大小小安装了七八个环，一环套一环造成了重重掩蔽，把许多天空区域都遮住了，结果使仪器的观测范围大大缩小。另一个缺点是，好几个环上都有各自的刻度，这使得读数系统非常复杂，给观测者带来了诸多不便。这是郭守敬改进浑仪的两个重要突破口。

改进浑仪的重要任务就是简化结构。郭守敬打算把这些重重套装的圆环省去一些，以免互相掩蔽，阻碍观测。这种想法在理论上可行。因为那时候，已经发明了球面三角法的计算，有些星体运行位置的度数可以通过数学计算求得，而不必在浑仪中装上圆环来直接观测。这样，就使得郭守敬在浑仪中省去一些圆环的想法有实现的可能。

郭守敬去掉了原来浑仪中的一些圆环系统，将其组装成一套独立仪器。这样，在郭守敬创制的浑仪中，只保留了最主要、最必需的两个圆环系统，其余圆环都省去了，结果使浑仪结构发生了根本改变。最后，他又把原来罩在外面作为固定支架用的那些圆环全都撤除，用一对弯拱形的柱子和另外四条柱子承托着留在这个仪器上的一套主要圆环系统。改进后的浑仪，真的是做到了四面凌空、毫无遮拦了。

与原来的浑仪相比，现在的浑仪结构简单、美观实用，人们也常把它叫作"简仪"。简仪的刻度划分也空前精细。以往的类似仪器一般只能读到一度的1/4，简仪可以读到一度的1/36，精密度一下子提高了很多倍。后来，郭守敬的浑仪被销毁了。今天，在南京紫金山天文台，有一架浑仪，是明朝正统年间（1436—1449）的仿制品。

郭守敬用他创制的简仪做了许多观测，有两项观测对新历制定有重大意义。

首先是测定黄道和赤道的交角。所谓黄道指地球绕太阳做公转的轨道平面延伸出去，和天球相交所得的大圆。而赤道是指天球的赤道。

因为地球悬空在天球之内，设想地球赤道面向周围伸展出去，和天球边缘相割，割成一个大圆圈，这个圆圈就是天球赤道。天球上黄道和赤道的交角就是地球赤道面和地球公转轨道面的交角。

在天文学上，这是一个基本常数。人们曾认为这个数值是24°。实际上，黄赤交角一直在变化，只是每年变化的数值很小，几乎可以忽略不计。但时间一长，其积累效应就会显现出来。黄道和赤道交角数值是否精确对其他计算结果是否准确有很大影响。因此，郭守敬首先对这个沿用了千年之久的数据进行检查。他测定的结果是，黄道和赤道间的交角是23°90′。与过去相比，精度有明显提高。

其次是测定二十八宿距度。战国末，就有了二十八宿距度概念。古代中国在测量二十八宿各个星座的距离时，常在各宿中指定某颗星作为标志，这颗星就是所谓的"距星"。因为要用距星作为标志，所以距星本身的位置一定要很精确。

这一宿距星和下一宿距星之间的相距度数叫"距度"。该距度可以决定这两个距星之间的相对位置。自汉朝以来，先后进行过五次距度测定，最后一次是在宋徽宗崇宁年间（1102—1106）。郭守敬所测二十八宿距度的误差比原来又有降低。在编订新历时，郭守敬提供了不少精确数据，这使得新历与季节变化的吻合更好。

第三项工作是制造仰仪。仰仪是一个铜制且中空的半球面，是采用直接投影方法的观测仪器，形状像一口仰天放置的锅。在这口仰天放置的锅的半球口上，镌刻着东西南北四个方向，且用一纵一横两根杆子架着一块小板，板上开一个小孔，孔的位置正好位于半球面的球心。

大家一定想知道仰仪是干什么用的。太阳光通过小孔，在球面上投下一个圆形图像，映照在所刻的线格网上，通过它，立刻就能读出太阳在天球上的位置。这样就避免了人们用裸眼直视太阳。

这样的设计非常巧妙。据说在发生日食时，仰仪面上的日像也相应地发生亏缺现象。因此，从仰仪上可以直接观测出日食的方向、亏缺部分多少及其时刻。不知道仰仪这样的仪器读出的数据是否可靠。

从文献记载来看，仰仪好像是一种神乎其神的仪器。

以上三种仪器改进造好后，王恂和郭守敬在大都兴建了一座新的天文台，台上就安置着那些最新的天文仪器。这座天文台可能是当时世界上设备最完善的天文台之一。

后来，在郭守敬的建议下，忽必烈派遣了14位天文学家，到当时国内的27个地点进行天文观测。在其中的一些地点，特别测定了夏至日的表影长度和昼夜的时间长度。这些观测结果，为编制新历法提供了数据。这一次天文观测的规模之大，在世界上绝无仅有，中国历史上把它叫作"四海测验"。

1280年春天，一部新的历法宣告完成。按照"敬授民时"的古语，取名"授时历"。这年冬天，朝廷正式颁发了根据《授时历》推算出来的下一年的日历。

《授时历》颁行不久，王恂就病逝了，可还有许多文字需要整理，有许多数据需要归一。郭守敬花了两年多时间，进行了整理和定稿。这在《元史·历志》中有记载。

《授时历》进行了多项革新。第一，废除了过去许多不合理、不必要的计算方法，原来表示一个天文数据的尾数部分是用很复杂的分数来表示的，现在改成了十进小数。第二，创立了三差内插法和弧矢割圆术等算法。第三，总结了前人的成果，使用了一些经典且正确的数据，如一个回归年是365.2425日，与现行公历中平均一年的时间相差很小。虽然在郭守敬的《授时历》中也存在"岁实消长"问题，但在当时是很先进的。

4. 功勋卓著

不久，元世祖升郭守敬为太史令，相当于现今国家天文台的台长。在太史令任上，郭守敬一方面进行天文观测，一方面陆续把自己制造天文仪器、观测天象的经验和结果编写成书。其天文学著作达百余卷。

1316年，郭守敬去世，享年86岁，已经非常高寿了。为纪念郭守敬的功绩，邢台市最主要的一条街道被命名为"郭守敬大街"。国际天文学界将月球背面的一座环形山命名为"郭守敬环形山",将小行星 2012 命名为"郭守敬小行星"。可见其功绩卓著。

他的主要天文历法著作有《推步》《立成》《历议拟稿》《仪象法式》《上中下三历注式》和《修历源流》等 14 种,共 105 卷。

五、徐光启:精编《崇祯历书》

在中国历史上,历朝历代都重视改革和编制历法。但到了明朝后期,研究和触碰历法似乎成了一件十分敏感的事情。自从朱元璋(1328—1398)黄袍加身以来,明代施行的历法是《大统历》。这个《大统历》基本维持了元代《授时历》的老样子,日久天长,已经严重不准。

历法改革迫在眉睫,因为它关系到那个时代最重要的农耕、天象预测和人们的出行。但当时明朝却禁研历法,甚至还成为基本国策。据《明史·历志》记载,自成化年间(约 1481 年)开始,陆续有人建议修改历法,但建议者不是被治罪,就是以"古法未可轻变""祖制不可改"为由拒绝。沈德符(明朝文学家,1578—1642)在《万历野获编》中记载的"国初学天文有历禁,习历者遣戍,造历者殊死"指的就是这回事。

万历三十八年(1610 年)十一月,钦天监预报的一次日食没有出现,对于大明王朝来说,这件事实在是太没有面子了。受此事触动,改历的事情一度提上了议事日程。朝廷决定由徐光启(1562—1633)与西来的传教士共同翻译西方历法,实际上当时的修历工作并没有展开。

时间一晃就到了崇祯时期。崇祯二年五月,徐光启以西法准确推算和预言了那年五月的一次日食,朝野上下才领教了西方科学技术的厉害。于是，礼部奏请开设历局。崇祯皇帝（1611—1644）命徐光启主持修历工作。那时候，徐光启刚被擢升为礼部左侍郎，第二年又升任礼部尚书。修历工作就从那时候开始。工作人员除了学有专长的专家，也包括外国传教士。

徐光启在天文历法方面的成就主要是《崇祯历书》的编制和为改革历法所写的各种疏奏。在《崇祯历书》中，他引入了西方天文历法的诸多先进概念，他明确告诉大家，地球是圆形的。

早在明代初期的《回回历法》中就已经引入了经度和纬度的概念及星等概念。在综合第谷星表和中国传统星表的基础上，徐光启在《崇祯历书》中绘制了中国第一个全天性星图，这个星图成为后来清代星表的基础。在计算方法上，徐光启引入了球面和平面三角学的准确公式。

《崇祯历书》系统地介绍了欧洲的天文学知识，包括欧洲古典天文学理论、仪器、计算和测量方法等。正是徐光启的努力，为中国的天文学从古代向现代发展奠定了一定的基础。

从崇祯四年（1631年）开始直至崇祯十一年（1638年），《崇祯历书》终于完成。全书46种137卷。算得上是卷帙浩繁。徐光启病逝后，主要由天文学家李天经主持完成。

《崇祯历书》仅仅是徐光启所做的工作之一，实际上，他在很多方面都取得了巨大成绩，除了天文、历法，他毕生还致力于数学、水利、农业、武器等方面的研究，而且成绩卓著。

此外，徐光启还是中西文化交流的先行者。他编纂的《农政全书》基本上囊括了中国古代汉族劳动人民农业生产和生活的各个方面，而其中又贯穿着一个基本思想，即治国治民的"农政"思想。

徐光启为后世竖起了一座高峰。让我们看看历史是怎么评价徐光启的，《明史》中以"盖棺之日，囊无余赀"评价他的一生，《辞海》对他的记载是"科学研究范围广泛，尤以农学、天文学为突出"。《简明不列颠百科全书》中说他"以《农政全书》影响最大"。

徐光启人生的辉煌时期应该是在崇祯年间，仅仅看一看他的仕途

34　天文的故事

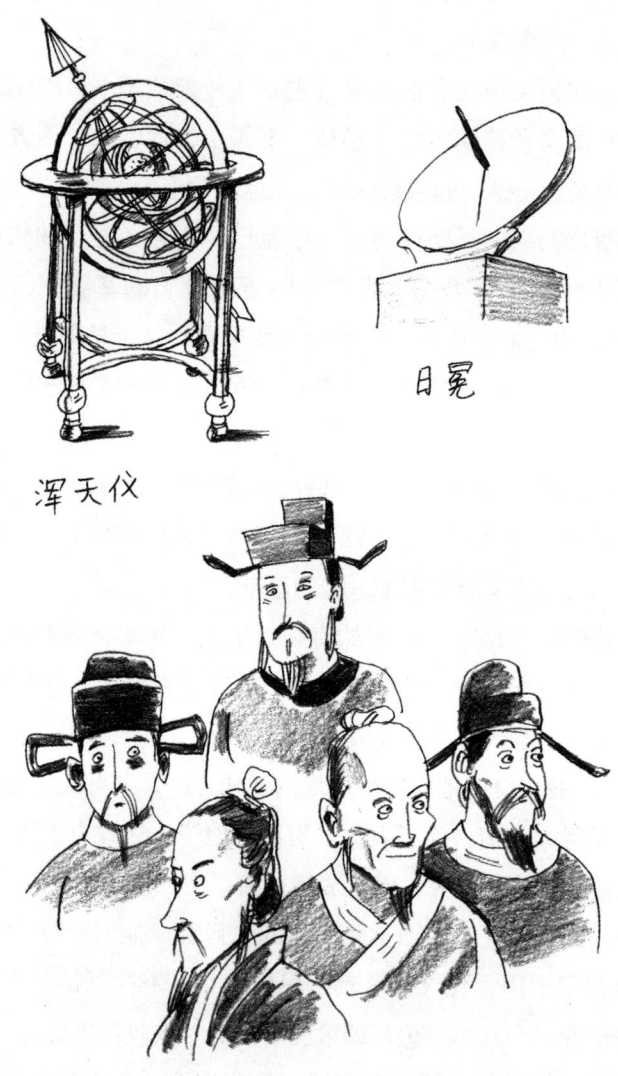

浑天仪

日冕

中国古代的天文成就

表现就可知道。崇祯五年（1632年），徐光启以礼部尚书兼东阁大学士，入参机务。崇祯六年（1633年），加太子太保兼文渊阁大学士。

总体看来，在古代中国，"为天体量身，为宇宙测时"是几乎所有天文观测者和历法制定者的神圣使命。

第三章

其他文明古国的历法、天文观测和宇宙观

要追溯历法、天文观测和宇宙思想的悠久源头,还须提到以下一些文明古国或地区,它们是古代埃及、两河流域、古代印度和阿拉伯世界。

这些文明古国或地区与古代中国相距遥远,却独自发展着自己的科学和技术,天文学只是其中之一。

一、古 代 埃 及

最早的星象观测和历法是天文学的起点。在新石器时代，随着农业的兴起，气候研究日显重要。人类开始注意到日出日落、星辰的运动及季节性变化。月亮有规律的盈亏变化也是他们观察的重点。为帮助测定时间，他们制定了各种简单的历法，还辨认出了一些星座。宇宙论由此得到发展。

在古埃及人的日常生活中，宗教占有极其重要的地位，它对古埃及文化有重要影响。天文学也不例外，在古埃及，天文观测的职责是由宗教人士担负的，神庙的修筑也是为了天文观测的需要。

古代埃及人相信，天象决定了政治、经济生活中的许多事件，对农业和交换影响更大。古埃及人认为，从幽暗的殿宇内看到明亮的天狼星经过神庙主轴时，就意味着尼罗河泛滥季节的开始和农业丰收时期的到来。

古埃及人很早就有了星座图。他们根据自己的想象，用某种动物或非动物的形象给星体命名，并分成星座。这些星座与我们今天的认识并不一致。一些星座因刻在神庙、陵墓的天花板上和棺盖上而保存下来。

法老时代的天文记载中没有提到黄道十二宫，当时的埃及人使用"德坎"（dekan）来划分年份。一年由36个星期构成，每星期10天，"德坎"是每个星期内在特定的"夜间时刻"升起的星群或一颗醒目的星。它们的位置在一条广阔的赤道带内，并以年份的支配者天狼星为起始。每一个"德坎"都有一个名称。

历法的形成也是以星象观测为基础的。人们最早注意到的是日出和日落之间形成的天和以天为基本度量单位的循环往复。月亮的圆缺给了天的计数一个自然的倍数。月亮由圆到亏，再回复到原来的状态，一个月的概念由此而来。人们通过长期的观察，确定了一年和一个月分别是多少天，并把一年分成若干个季节，最初的历法就是这么来的。

古埃及文明的最初阶段距今已 6000 余年了，那时，埃及使用的历法规定一年 12 个月，每月 30 天。到公元前 4000 年，每年的岁末加上 5 天，使每年成为 365 天。这 5 天是分别献给俄赛利斯家族诸神的。

相传，俄赛利斯给埃及带来了五谷。这种说法可能是随着传入谷类作物的拜达利人对俄赛利斯的崇拜而流入埃及的。这种固定的以 365 天为一年的历法没有置闰，它每 4 年要比太阳年落后 1 天。

在这一历法的基础上，古埃及人又根据尼罗河一年中的变化和农业活动，把一年分成三个季节，每个季节有 4 个月。到后来，这成为古埃及的官方历法。人们很早就注意到，尼罗河每年的泛滥，从天狼星偕日升的那一天开始。他们把索特基斯星（在希腊和中国，把这种星叫天狼星）尊为伊西丝女神，认为尼罗河的泛滥是由她的眼泪引起的。

我们知道，占星术是迦勒底人最重要的学问和技术。对于国王和以农耕为生的农民来说，占星术在他们的生活中所起的作用几乎是一样的，这也是占星术士作为一个热门的职业群体出现的前提条件。既然他们生意兴隆，就必然有其势力范围和资本资源。他们影响所及，甚至能掌控一个国家的命运。在埃及也是一样，这也为真正的天文学的诞生做了量的积累。

古埃及人的占星术是应用天文学的一种形式，并推动着天文学的发展。占星术是根据一个人的"算命天宫图"（也就是他诞生或被怀胎时太阳、月亮和恒星的位置）来预测他的性格和将来的行为。

最早的占星术源于美索不达米亚，巴比伦的天文学即为支持占星术士的计算而形成的。古埃及人把星座和神话视为一体。他们相信地面上的事件、个人甚至整个民族的命运都与星辰的运转紧密相关。通过观察星象，可以预知收成的好坏、个人的凶吉祸福和国事的盛衰等。

古埃及留存至今的一些天体图，全是用于占星术的天宫图。祭司们编制特别的历书，标明"吉利"和"不吉利"的日子，甚至时辰。常有一些日子，什么都不能做，连出行也是不利的，否则就要遭遇不测。占星术贯穿于古埃及历史的全过程，后为中世纪其他民族的占星术所吸收。需要说明的是，古埃及的占星术与希腊的天宫图占星术（horoscope）有很多区别，星占部分的流派和发展其实非常复杂。

古埃及人很可能早就知道了四季更替的一年实际上是地球公转一周形成的，今天，天文学上把这叫作回归年。所以，我们说，古埃及人创造了人类历史上最早的太阳历。

在古王国时期（约公元前2686—前2181），当天狼星清晨出现在古埃及的地平线（也就是与太阳同时升起，天文学上把这叫作偕日升）上时，尼罗河就开始泛滥，古埃及人把这一天定为一年的第一天。365天的太阳历很显然是从对天狼星偕日升与尼罗河泛滥周期的长期观察中总结出来的。古埃及人还发现，如果以天狼星偕日升那天作为某一年的开始，那么120年之后，偕日升的那一天与一年之始即差一个月，而到了第1461年，偕日升那天又成了一年之始。

今天，我们知道，回归年实际上有365.25天，若以365天为一年，则比实际一个回归年少0.25天，120年过去后就少了30天，1461年过去后就少了365天，正好一年。埃及人把1461年周期叫作天狗周，因为他们把天狼星叫作天狗。在那遥远的年代，古埃及人凭着长期细致的观察，居然定出了这样长的周期，其聪明才智真让人刮目相看。

古埃及人精确的历法与他们的天文观测密切相关，他们认识不少恒星。从出土的棺材盖上所画的星图可以知道，他们不仅认识北极星，还认识天鹅、牧夫、仙后、猎户、天蝎、白羊和昴星等。

在古埃及人的神话中，太阳神是最重要的。他们把太阳神叫作"拉"，含有十分敬畏和崇拜的意思。在古埃及人的心目中，"拉"神的地位和所起的作用没有别的神能够代替。古埃及人的神话思维别具一

古埃及墓室壁画中的天文学

格，至今仍留存在人们的记忆中。

他们仔细描写过宇宙的结构和层次。刻于公元前1350～前1100年法老陵墓石壁上的天牛像，实际上就是一幅宇宙结构图。天牛的腹部是满天的星斗，牛腹为一男神所托，四肢各有两神扶持。在星际的边缘，有一条大河，河上有两只船，一船为"日舟"，一船为"夜舟"，太阳神"拉"先后驾驶着两船在天空航行。

在埃及法老墓室的天花板上，绘有天文学意义的装饰图案，在法老棺材的内壁上，也有许多类似这样的绘画，画上的星座充满了神性，古埃及人把这些星座和他们神话中的神视为一体，成为他们在黑暗中前进的引路者。

天象记录成为天文观测的一项重要内容，古埃及的天文学知识从那时起就成为科学史的一个组成部分。

古埃及人的宇宙模型更像一个底部凹陷的盒子，这个盒子南北长，东西短，埃及就在这个盒子的中央，在其四周，有一条大河环绕，河上有一条船载着太阳日夜穿行，尼罗河是它的一个支流。古埃及人说，他们的天是一块平坦的或穹隆形的天花板，四个天柱像山峰一样支撑着这个天花板。

这个宇宙模型的提出可能与古埃及人生活在尼罗河两岸的狭长地带有关。古埃及人对身边世界的认识能达到这样一个高度，可能与那里的天气和自然环境有关。

二、两河流域

美索不达米亚文化积淀深厚。它的天文学在对时间的把握、历法的形成、天文观测及对宇宙的认识方面堪称世界最早。

1. 对时间的把握

日月星辰的运转、四季的变化、河流涨落的规律都是时间概念的一种直观表达。农耕社会对时间的依赖性更大，因此，对时间的把握成为当时人们最迫切的需要。当文明发展到一定程度时，时间观念的形成显得更加重要。

日出日落的周期性一遍又一遍地告诉人们，一天是怎么一回事。月缺月圆的变化使人们懂得了另一个时间周期。自然界中植物的繁荣枯萎、花开花落，不断启发着人类关于一年的概念。生命的节奏就是这样展现的。在本质上，这是天体运行的结果，也是大自然演化的使然。

生活经验使人们开始重视天文观测。起源于幼发拉底河、底格里斯河和尼罗河流域的天文观测和历法，是世界上最早的。耕种谷物和收获庄稼需要相对稳定的时间区间，以农业文明为根本的古巴比伦人很早就懂得时间的价值也是自然而然的事了，他们尝试对时间进行系统的测量。在此期间，他们自然也就适应了季节的变化。

2. 历法的形成

世界上第一部太阳历是古埃及人根据太阳的变化制定出来的。苏美尔人对历法的贡献是根据月亮的盈亏制定出了世界上第一部太阴历，那是在公元前4000年前。2000年后，他们已经知道了一年的大概天数。太阴历的特点是从新月出现的那天起到新月再现的那天止为一个太阴月。古巴比伦人测定的太阴月的长短是29日12小时44分3秒，这个结果与现代天文学家测定的数字只差0.4秒。他们将一年分为12个月，大月30天，小月29天。

我们今天使用的农历的置闰方法，最早可追溯到苏美尔人的发明。那时，他们为了使自己的历法规定的日期与回归年相吻合而发明了这一方法。每年的春分时节就是他们一年的第一天。置闰初始，也没有一定的规律，由国王根据自己的判断或占星术士的意见确定和发布。

从考古发掘的材料分析，固定的置闰规则的制定是在公元前 500 年，先是 8 年 3 闰，后是 27 年 10 闰，最终定为 19 年 7 闰。

这个 19 年 7 闰规则即著名的默冬周期（Metonic cycle），是由古希腊天文学家默冬（Meton，生卒年不详）于公元前 432 年宣布的。不过，美索不达米亚在那时实际上已经开始使用了。有了置闰规则，一年所指示的季节变化就相对准确了，也有利于农业生产。这个世界上最早的历法今天仍然被我们使用，当然，也有一种可能，即这个历法是一些古老文明的中心独自发明的。

古代两河流域的太阴历更加直观和简便，使用起来也比较方便。这也让我们想起了中国的农历，以及很久以前的人类迁徙和文化传播。

3. 天文观测

他们还发明了一种叫作日规的测时仪器来标示一天的时间，这实际上是一根直立的木杆。当太阳在天空中的位置不断变化时，木杆在地面上的影子也随之发生移动。测定结果由此而来。在那个遥远的时代，这种方法既简单又实用。

古巴比伦人已经观察到了太阳和行星在恒星中间的视运动，他们按照太阳、月亮及 5 个已知的行星给一周的 7 天命名，使周成为时间的又一单位。根据古巴比伦文献记载，太阳在天空的历程被划分为十二宫，以与月份相吻合。每一个宫都以某一神话中的神或动物命名，并用适当的符号代表。这样，天空各区段就和羊、蟹、蝎及其他动物联系起来，以后又把这些动物和一定的星座联系起来，一直流传到了今天。

在古巴比伦人的天文观测中，最早准确记录的是关于金星的出没。那是公元前 2000 多年以前的事了。从那时候起，僧侣们就开始了不间断地观测，夜晚星空的变化使他们着迷，不过那也是一件十分辛苦和单调的工作。首先需要仔细观察天空中的景象及其变化规律，并把他们的观察结果记录在案。可以想象，在泥板上写字是多么麻烦和费时的事。

在长期观察、材料积累和感觉经验增加的基础上，古巴比伦人渐渐发现了天文现象的周期性，原来，天空中运动的星星受某种规律的制约。据公元前6世纪的一个文件记载，他们已经能够事先计算出太阳和月亮的相对位置，因此，日食、月食的预测就有了理论根据。这是当时最伟大的科学成就。在这一方面做出巨大贡献的是乌鲁克学校、希拔学校及巴比伦的波希帕学校。这些学校是那个时代占星术的研究中心。科学的天文学从那时起就开始萌芽了。

占星术在两河流域有着悠久的历史，毫无疑问，这也是那里的天文学特别发达的原因了。据说在塞琉古时期，美索不达米亚出现过高度发达的数理天文学体系，它已经影响到了小亚细亚半岛和爱琴海沿岸。

美索不达米亚地势平坦，空气清新，夜晚繁星密布，那里是观察天象的最好地方。占星术士们一年四季重复着同样的观测，并把观测的结果记录在泥板上。在那个遥远的年代，在几乎没有什么仪器和设备的条件下，每天仰着脖子看天，肯定不是一件轻松的事。但苏美尔人却在这样的观测过程中得出了许多惊人的发现。

他们发现，夏夜天空的星星分布与冬天的夜晚不同。这是因为地球存在公转，在不同的季节，背对太阳的那面天空总是不一样，每当黎明时分，他们就知道了太阳在恒星背景上的位置，年复一年的观测使苏美尔人知道，太阳的位置是周年变动的。这就是太阳在恒星背景下的周年视运动。4000年前能有这样的观测结果自然不容易。

天文学上所谓的"黄道"就是太阳在恒星背景下所走的路径。两河流域的占星术士已经知道了黄道，并把黄道带划分为12个星座，每月对应一个星座，他们用神话中的神或动物命名每个星座，它们是世界上最初诞生的星座。这12个星座是双鱼座、白羊座、金牛座、双子座、巨蟹座、狮子座、室女座、天秤座、天蝎座、人马座、摩羯座、水瓶座。

这套符号沿用至今，形成了所谓黄道十二宫，是占星术的常用术语。当时的春分点恰在白羊宫，故在天文学上一直用它表示春分点，虽然今日实际春分点已处在双鱼座，但人们还是沿用了当初的符号。

美索不达米亚人的计时方法对后世产生了很大的影响。例如，他们将圆周分成360°，1小时分成60分，1分分成60秒，以7天为1星期等。后来，《圣经》中的上帝用7天时间完成创世的说法就源于此，这是古老文明成就中最经典的范例。

古代两河流域的天文历法知识在一定程度上影响了欧洲的天文学。苏美尔人按照月亮的盈亏把一年分为12个月，共354天，同时设置闰月调整阴历阳历之间的差别。到公元前7世纪，又形成了7天一星期的制度，每天各有一位星神"值勤"，并以该星神命名这一天，其顺序是星期日（太阳神）、星期一（月亮神）、星期二（火星神）、星期三（水星神）、星期四（木星神）、星期五（金星神）、星期六（土星神）。直到今天，欧洲各国每周7天仍以这7个星神命名。有意思的是，遥远东方的日本也是这样命名一星期的。而且，日本人几乎不说某天是星期几，直接以相应的星神代替。

4. 宇宙模型

像古埃及人一样，古巴比伦人虽然在天文观测上积累了相当丰富的经验和知识，但他们的宇宙论却依然被笼罩在神话的气氛中，对宇宙结构和起源的总体构思尚未同日常的经验观察密切关联起来。

古巴比伦人的宇宙模型精致而小巧，在他们看来，宇宙不过是一个密封的箱子，箱子的底板是大地，大地的中央矗立着冰川雪山，四周有水环绕，水之外又是山，蓝色的天穹就是这样被支撑起来的。古巴比伦人认为，它们的幼发拉底河和底格里斯河就发源于这些区域中间。

巴比伦人设想，地是浮在水面上的扁盘，而天是一个半球状的天穹覆盖在水面上，天地都被水包围，水之外是众神的居所。天上的星星和太阳都是神，他们每天都出来走一趟，由于他们决定着世间的命运，所以他们的行踪即天体的运动尤其值得注意。占星术正是从天体轨迹中推测人间祸福，故而受到极大的尊崇。在古巴比伦的许多图书馆里，都藏有大量占星术著作。

很早以前，在两河流域的晴朗夜晚，点缀在宇宙深处的星象就已经成为古巴比伦人膜拜的对象。他们认为，和大宇宙相比，人是一个小宇宙。

正因为古巴比伦人拥有自己的星象崇拜，所以自然而然地形成了对天空的热情和关注。大约在4500年前，他们就开始了对遥远宇宙的探索。据公元前6世纪的一本书上记载，古巴比伦人已经基本掌握了天体运动的周期性。

迦勒底王国又称为新巴比伦王国。迦勒底人的世居之地是两河流域，其中心大概在现在的伊拉克首都巴格达一带，北部古称亚述，南部为巴比伦尼亚。巴比伦尼亚包括两部分：北部的阿卡德和南部的苏美尔。

迦勒底人的星象天文学一向为人们所重视。迦勒底人把星星叫作"天上的羊"，把行星叫作"随年的羊"。迦勒底人很早就注意到天上的"羊群"随季节而变化。长期的星象观察使迦勒底人对天体运动有充分认识，他们知道"日食每18年重复出现一次"，迦勒底人在其他天体运动方面也有很多创见，但星座的划分是迦勒底人最重要的贡献。

他们用想象的虚线把天上显著的亮星联结起来，描绘出各种动物和人的形象，并且用一定的名称称呼它们。这就是现今星座的由来。

三、古代印度

印度历法基本上是阴阳合历。在吠陀时代，古代印度人认识到月亮运行1周不到30日，所以有一个月份要消失1天，他们把一年定为360天，分为12个月，每月30天，5年一闰加上第13个月，以调整历法和回归年的岁差。

古代印度人很早就对天体进行了观测，获得了不少天文知识。为了观察日月的运动，他们认识了许多星宿，并把黄道附近的恒星划分为28个星宿，以此来观测太阳及各行星在天空中的位置。当时，广为流行的观念是，大地不动，太阳、月亮和星星都围绕着大地旋转。公元前1000年，由于农业的发展，印度已有相当精确的历法。

古代印度天文学曾吸收古希腊和阿拉伯天文学的很多优点。笈多王朝时期，随着古希腊高度发达的天文学传入，印度天文学进一步发展，出现了天文学家圣使（又名阿耶波多，公元476—550）及其著作，后来又出现了天文学家彘日（又名伐罗诃密希罗，公元505—587）及其《五大历数全书汇编》，这些天文著作使印度历法变得更为精致。中国唐朝的《开元占经》中译载有天竺《九执历》，它是公元7世纪前后印度较为先进的历法，唐德宗建中年间（公元780—783）订立的《符天历》也借鉴了印度历法的优点。印度的数理天文比较先进，但印度天文学家不重视对天体的实际观测，所以也没有什么像样的天文仪器传世，直到18世纪才在德里等地建立了天文台。

古代印度人认为，宇宙像一只大锅盖在大地上，大地中央的须弥山支撑着天空，日月均绕须弥山转动，日绕行一周即为一昼夜。大地由四只大象驮着，四只大象则站立在一只浮在水面的龟背上。古代印度人的想象力真是奇特啊，他们对宇宙的构想更像是充满童话性质的浪漫想象。

四、伊斯兰教与天文学

阿拉伯的早期天文学知识来自印度和波斯，编制星表成为学者们的日常工作，这个过程使他们知道了三角法。后来，当《至大论》成为阿拉伯天文学的圣典后，天文学开始了新的繁荣时期。穆斯林的宗教活动对天文学提出了三个特殊要求，其复杂性经常超过社会的实际需要。

　　首先是历法本身。伊斯兰的太阴历以 12 个朔望月作为一年。通常 12 个朔望月不满一个回归年，穆斯林的"年"至今仍比回归年短 11 天，所以穆斯林的神圣月份斋月（ramadan）可以出现在一年中的任何季节。每一个月的起始之日是"新月"，那一天，月牙首次在黄昏的天空出现。为了避免实地观测产生误差，天文学家需要利用球面几何的知识编制精巧的天文表帮助计算。

　　其次是宗教需求。这使得天文学家不得不关心祈祷的时刻，按规定一天之中有 5 个祈祷时刻：拂晓、正午、下午、黄昏、日落。如何报告这些时刻，是阿拉伯天文学家必须要解决的问题，而这涉及球面三角形问题。

　　最后是"朝圣方向"的确定。根据伊斯兰教的法令，所有清真寺必须朝向麦加的宗教圣殿"克尔白"（Kaaba，也叫"天房"，在麦加大清真寺广场中央，殿内供有神圣黑石）。阿拉伯天文学家们必须运用已知的地理学和天文学数据从数学上解决这个问题。

　　总体来说，阿拉伯天文学是对托勒密学说的继承与发展。托勒密行星天文学模型的有效性，不仅依赖于它们自身的几何构造，也依赖于其中所用参数的精确程度。那时候的天文台所做的主要工作就是借助于更好的天文仪器校对和精修这些参数。

　　参数改进的需要使得建造大型天文台成了必需的工程。有两个天文台在阿拉伯天文学发展中起了重要作用。一个是马拉盖（Maragha）天文台。马拉盖在今伊朗北部，在波斯天文学家图西（1201—1274）的领导下，于公元 1272 年完成了天文历表《伊儿汗天文表》。另一个是乌鲁伯格（Ulugh Beg）天文台。乌鲁伯格天文台的成就之一是大型天文仪器的制造，其天文仪器是当时最先进的，甚至还有些奢侈，其中一台六分仪的半径竟超过 40 米，阿拉伯天文学家普遍认为，仪器越大，测量精度越高。这种观念未必就正确，但仪器体积大就意味着内部结构的复杂，也在一定程度上意味着测量精度的提高。乌鲁伯格天文台的成就也表现在天文表方面，在恒星表中，恒星的数目超过了

1000个，虽然恒星数目超过1000的天文表，在这之前的中国和欧洲也都有，但《乌鲁伯格天文表》是中世纪重要的星表之一。

两个世纪后，哥白尼在《天体运行论》中计算月球的运动时，也曾参考了阿拉伯天文学家的成果。前有托勒密，后有哥白尼，在他们之间，阿拉伯天文学家恰到好处地发挥了自己的作用，那是一个承前启后、继往开来的时代。

第四章

"希腊化"和罗马时期的天文学

"希腊化"时期最辉煌的成就之一是亚历山大在埃及建立的城市亚历山大里亚。这个以亚历山大大帝名字命名的城市产生了古代世界最杰出的科学家和科学成就,包括天文学。紧随其后的古罗马在天文学方面也有出色表现。

一、最早的"日心说"

公元前4世纪，曾经蜗居在巴尔干半岛一隅的马其顿兴起。公元前338年，整个希腊被纳入马其顿版图，马其顿国王亚历山大大帝（Alexander the Great，公元前356—前323）经过多年征战，建立了一个横跨欧、亚、非三洲的大帝国。公元前323年，亚历山大去世，马其顿帝国也随之崩溃，一个叫托勒密的心腹大将占领埃及，开创了埃及的托勒密王朝，一个新时代由此拉开序幕。

托勒密曾是亚里士多德的学生，一直对学术的发展念念不忘。在他生命和事业的鼎盛时期，亚历山大里亚城设立了一个规模庞大的研究和教学机构，也就是传说中的缪塞昂。隶属于缪塞昂的亚历山大里亚图书馆是当时世界上最大的图书馆，藏书多达50万卷，要知道，那时候还是一个没有纸的时代啊。对于当时的知识界来说，这是一个非常有利的条件，这直接造就了亚历山大学派的产生。

阿基米德（Archimedes，公元前287—前212）的同代人，萨莫斯的阿利斯塔克（Aristarchus of Samos，公元前310—前230）就是亚历山大学派的代表性人物。他首先提出了"日心说"，但他的想法远远超越了他那个时代，故知音寥寥，阿利斯塔克也很孤独。如果不是后来的阿基米德记录下了这个事情，阿利斯塔克也许就被淹没在人海里了。

阿利斯塔克测量了日、月、地之间的距离，也测定了地球直径和黄赤交角。据阿基米德说，阿利斯塔克提出的这个假说，认为恒星与太阳不动，地球绕太阳运动，太阳则在轨道的中心。为了解释恒星在地球运动的时候表面上看起来不动,他进一步指出,这是由于同地球的轨道直径比起来,恒星的距离极其巨大。

哥白尼发现了地球绕太阳转动。哥白尼使人类从迷梦中惊醒:我们的世界绝不是宇宙的中心。梦醒时分,人们似乎忘记了一个事实:早在"希腊化"时期,就有一个人提出过类似的学说,他就是亚历山大里亚的著名天文学家阿利斯塔克。

阿利斯塔克生于毕达哥拉斯的故乡,爱奥尼亚地区的萨摩斯岛,青年时期,阿利斯塔克来到雅典,在吕克昂学园[①]学习,受过学园第三代学长斯特拉图的指导,学成之后,阿利斯塔克来到亚历山大里亚做天文观测,并发表他的宇宙理论。

萨摩斯岛(Samos Island)多岩石,自古希腊以来,这个地方出现了两位拥有真知灼见的思想家,一位是毕达哥拉斯,另一位就是阿利斯塔克。

几乎所有人都知道毕达哥拉斯,主要是因为他创立了兄弟会,他的哲学与数学理论就是通过兄弟会传播出去的。说到阿利斯塔克,不知者甚众,因为他没有创立学校,没有受众,没有"粉丝"。但他有那个时代最伟大的创见,那就是他的"日心说"。

阿利斯塔克是"希腊化"时期最伟大的天文学家和数学家。他是人类历史上有记载的第一个提倡"日心说"的天文学家,在阿利斯塔克那里,宇宙的中心不是地球,而是太阳。

自希腊古典时期以来,在天文学方面最著名的是亚历山大学派,阿利斯塔克就是他们的代表人物。他的大部分著作至今已失传,仅存《太阳和月球的大小与距离》(*On the Sizes and Distances of the Sun and Moon*)。

他在书中叙述了从日食、月食中月球和地球的阴影比例大小,推测出太阳实际上比地球大得多、月球比地球小。他又通过上弦月和下弦月间的夹角,推测出太阳距离地球是月球距离地球的20倍。

---

① 吕克昂学园是亚里士多德在公元前335年仿效他的老师柏拉图在雅典创办的学园,主要讲授自然科学和哲学。吕克昂(Lykeion)学园也称逍遥派学校(Peripatetic School)。

在《太阳和月球的大小与距离》一书中，阿利斯塔克将一些几何学原理运用到这个问题上。他考虑了两个因素：月食时可以看到的现象以及月半圆时可以看到的现象。之后他得出结论说，太阳与地球的直径比一定大于 19∶3、小于 43∶6，即约为 7∶1。这个数字当然太小，但是，他的研究方法值得借鉴，而且，他能认识到太阳比地球大，这本身已经是一个惊人的成就了。

《太阳和月球的大小与距离》虽然不如"日心说"那么具有震撼力，但仍可证明他是一位原创思想家、杰出的数学家与严谨的天文观测者。在这本书中，他尝试以合理的数学方法测量宇宙。

阿利斯塔克推测，当月亮为半月时，连接地球、月球和太阳的直线将形成一个直角三角形。若能测量出太阳至地球与地球至月球这两条线所形成的角度，就能计算出这三个天体的相对距离。

他从日食得知，太阳与月球看起来大小相同，因此，一旦得知它们的相对距离，就能计算出它们的相对大小。在那个没有三角函数表、无法计算角度的正弦和余弦值的时代，不知道阿利斯塔克出色的数学技巧是怎样发挥出来的。

阿利斯塔克认为，太阳、月亮和地球在每个月的首个或最后的四分之一时间内，构成了一个近似的直角三角形。他估计最大角度约为 87°。尽管他应用的几何理论没有错，但由于观测数据有偏差，他得出了日地距离是月地距离的 20 倍。这一结论与实际数值相差甚远，实际上，夹角应该是 89° 52′，日地距离大约是月地距离的 389 倍。尽管如此，阿利斯塔克的聪明才智已经显露无遗。

阿利斯塔克指出，月球和太阳的视角几乎一样，这为测算它们之间的距离提供了依据，所以，它们的直径与它们到地球的距离成正比。这看起来非常符合逻辑判断，重要的是，阿利斯塔克的判断告诉我们，太阳明显大于地球，这对于证明"日心说"模型非常有利。

阿利斯塔克有关"日心说"的著作已经遗失。我们是通过后代学者的记述才间接知道了他的工作。阿基米德与普鲁塔克都提到过阿利斯塔克的"日心说"。阿基米德说，阿利斯塔克"日心说"的核心思想表现在五个方面：①太阳与固定的恒星不会运动；②地球绕太阳运行；③地球的轨道为圆形；④太阳位于该圆的中心；⑤固定的恒星距离太阳与地球极为遥远。

两个世纪后，罗马历史学家普鲁塔克（Plutarchus，公元46—120）提供了更多的细节。他在一本书中告诉我们，阿利斯塔克认为，正是地球每日一周的旋转，给予我们好像是天空绕地球转动的印象。这种现象其实是地球每日的旋转所造成的。据说阿利斯塔克还发明了一种叫作"skaphe"的碗状日晷，利用它可以正确地追踪太阳在天空中移动的路径。

普鲁塔克还告诉我们，利用阿利斯塔克关于地球沿着"太阳圆周"运行的观念，即可引出太阳黄道的观念。不少学者认为，阿利斯塔克在把地球视为行星后，也将其他行星放到环绕太阳运行的轨道上。

阿利斯塔克已经意识到，他的宇宙模型将大幅度地增加宇宙的大小。若地球沿着巨大的圆周绕太阳运动，它有时会比较靠近某些恒星、有时又会远离它们。除非恒星距离地球极远，否则，在地球靠近或远离恒星时，它们的大小看起来也会变化。实际上这种情况并没有发生，我们只能说，和地球相比，宇宙更加浩瀚无穷。

阿利斯塔克认为，并非日月星辰绕地球转动，而是地球与星辰一起绕太阳转动。很显然，他的这个观点继承了毕达哥拉斯学派的中心火理论，只是他把太阳放在了中心火的位置。他说，恒星的周日转动，其实是地球绕轴自转的结果。这个思想真是太深刻了，因为它远远走在了时代的前面，才难以获得时人的理解。

首先，它与人们已经广泛承认的亚里士多德的物理学理论相矛盾。在亚里士多德看来，如果地球在运动，那么地球上的东西就都会落在地球的后面，可事实上没有发生这类事情。这个理由很感性，很容易被人们接受，仅凭常识就可以作出判断。比如说，从一个运动着的车上扔下一个瓶子，车很快就将瓶子抛在后头。直到惯性定律被发现，这个问题才可能有一个完满解答。

其次，如果是地球在动，那么它相对于恒星的位置应该有变化，可是，我们并没有观测到这种位置的变化。文献中没有记载阿利斯塔克是如何回答第一个问题的，但对第二个问题，他回答说，恒星离我们太远，以至于地球轨道与之相比微不足道。所以，恒星位置的变化不为我们所察觉。

人们不认可阿利斯塔克观点的原因可能是他的"日心说"与人们内心的期望相差太远，谁不希望人类的居所是宇宙的中心？因此，长期以来，阿利斯塔克的"日心说"被掩盖在亚里士多德和托勒密地心说的光芒之下，1700多年之后，阿利斯塔克终于等来了知音。1543年，哥白尼出版了《天体运行论》，"日心说"才真正拨云见日。

风雨飘摇和世事变迁其实是自然和社会的常态，在一定程度上也是人一生中所不可避免的，甚至还会经常遇到。托勒密王朝后来也难逃衰败之命运，逐渐沦为罗马的附庸。亚历山大里亚秋风萧瑟，学术中心逐渐转移至罗德斯岛和爱琴诸岛。喜帕恰斯（Hipparchus，约公元前190—前125）就是这一时期的代表人物。

二、喜帕恰斯：在几何与天文之间

公元前3～前2世纪中叶，希腊自然科学重新繁荣，特别是在天文学方面。

正如在物理学上，用机械钟对时间进行标度一样，在地理学和测量学上，用经纬线对空间进行标度。最先完成这一伟大发明的是喜帕恰斯。这是一个巨大的进步。正是因为有了他的杰出贡献，才有了我们今天划分世界经纬度的基础，这也标志着人类对空间认识的进一步加深。

喜帕恰斯是"希腊化"时代最伟大的天文学家，公元前190年，喜帕恰斯出生在小亚细亚西北部的尼西亚（今天土耳其的伊兹尼克）。青年时期，他在亚历山大里亚接受教育。之后，他乘船途经克里特来到爱琴海南端的罗得岛，在那里建立了自己的观象台，在观测天象的同时，他还制作了许多仪器，据说他制作的仪器特别耐用。

在阿利斯塔克关于太阳和月亮大小及距离测量研究成果的基础上，喜帕恰斯测定了月亮的视差。所谓视差是天文学上的一个概念，其实是很简单的自然现象。当我们骑马飞速前进时就会发现：近处的物体往往比远处的物体移动得更快。这种位置的明显变化正是我们体会到的视差。这样的例子不胜枚举。

当然，周围物体并没有移动，而是我们自己在移动，只是在我们的感觉中周围的物体在移动。近处物体移动的速度和角度取决于两个因素：一个是我们自身位置变化的大小；另一个是我们与近处物体之间的距离。如果已知我们移动的距离，就能计算出我们与该物体的距离。要做到这一点，我们必须知道相应直角三角形各边的比例大小，如直角边和斜边。在喜帕恰斯那个年代，这一问题已经解决，喜帕恰斯系统地将这些比例关系制成了精确表格，他的工作奠定了三角学的基础。基于此原理，通过测量月亮相对于星星的位置，喜帕恰斯测定了月亮的视差，计算了地月之间的距离，其值与真实值相差很小。

喜帕恰斯发现，圆内接四边形两对对边乘积的和等于两条对角线的乘积，即所谓的托勒密定理。这个定理还可表述为，圆的内接四边形中，两对角线所包矩形的面积等于一组对边所包矩形的面积与另一组对边所包矩形的面积之和。从这个定理可以推出正弦、余弦的和差公式及一系列的三角恒等式，托勒密定理实质上是关于四点共圆性的基本性质。

据说喜帕恰斯是第一个发现巨蟹座的 M44 蜂巢星团的人。喜帕恰斯花了很长时间测量出地球绕太阳的公转周期（其值为 365.2467 天），与实际时间只相差 6 分钟，而他使用的仪器可是自制的啊！他根据观测结果计算出一个朔望月周期是 29.530 58 天（今天的实际观测值是 29.530 59 天），是不是很神奇啊？

他编制了几个世纪内太阳和月亮的运动表,并用来推算日食和月食。他把自己对恒星黄经的观测结果同前人的结果进行比较,发现了黄道和赤道交点的缓慢移动,即所谓的岁差现象,并定出岁差值为每年45″或46″。为了研究天文学,他创立了三角学和球面三角学。

丰富的观测资料是喜帕恰斯留给后世学者的遗产,他们在制定行星的各种周期与参数时,就充分利用了这些观测结果。喜帕恰斯没有著作流传于世,从托勒密的著作中,我们才知道了他的工作。

喜帕恰斯被尊称为"天文学之父",他首先将天上的星星分成6个亮度等级,即所谓的"星等"。他把天空中最亮的定为一等星,肉眼可见最暗的定为六等星,这样的分法当然很粗糙,但那是2000多年前,能做到这样已经很不容易。后来,经过许多天文学家的努力,星等的定义才更加明确。

喜帕恰斯发现,夏至的时候地球离太阳较远,冬至则较近,这说明地球的运动轨道不是一个正圆,那是公元前130年。他认为天空中的星星也有自己的一生,这与亚里士多德关于星星不生不灭的理论相左。他制作了西方第一份星表,即天文学界曾广泛流行的依巴谷(Hipparchus)星表。那是公元前134年。1800年之后,依巴谷星表帮助天文学家哈雷发现了恒星的"自行运动",所以,喜帕恰斯被称为天文学之父当之无愧。

三、托勒密:托起铅云

1. 打造精致的地心说

托勒密(拉丁语:Claudius Ptolemaeus,约公元90—168)一生著述甚多。其中最重要的是《天文学大成》。该书集古希腊、古罗马天文学之大成,书中使用几何系统来描述天体运动,绘有1022颗恒星的星图,因此，这是一部相当全面的天文学著作。那时候，埃及属于古罗马的行省，这项成果在名义上也属于古罗马所有。另外，书中还论及历法的推算、日月食的推算，以及天文仪器的制作与使用等。

《天文学大成》几乎同时传播到了东方和西方，并在气候炎热干燥、沙漠纵横交错的阿拉伯荒原被尊为人类认识宇宙的典范和极致，于是书名也就被译成了"至大论"（Almagest）。

这本长达 13 卷的著作被认为是西方古典天文学方面的百科全书。其中最主要的思想是宇宙的地心体系。托勒密认为，地球居于宇宙的中心，日、月、星辰围绕着它运行。《天文学大成》是当时天文学的重要著作，是天文学家的必读书籍。在整个中世纪，《天文学大成》被尊为天文学的圣典，这种荣耀一直延续到 16 世纪哥白尼的《天体运行论》出版，"日心说"开始建立，托勒密的思想才逐渐退出历史的舞台。

从《天文学大成》中托勒密本人所做的观测记录可粗略判断他人生的某些细节。这些天文观测记录的时间段从公元 127 年到公元 141 年。这意味着在哈德良（Hadrian，公元 117—138 年在位）时代和安东尼（Antoninus，公元 138—161 年在位）时代，托勒密的研究工作主要集中在天文学方面。《天文学大成》是托勒密的早期作品，此后他还写了许多著作。由这些著作推断，在哈德良时代，托勒密已经是一个著名的天文学家了。

在《天文学大成》中，托勒密改进和编制了星表，利用几何学和光学知识解释了旋进、折射等原因对观测结果的影响，提出了计算日食和月食的数学方法。在撰写《天文学大成》时，他利用了大量希腊天文学家特别是喜帕恰斯的观测资料与研究成果。在他的宇宙模型中，使用了许多偏心圆或小轮体系，系统地解释和论证了天体运动的地心学说。

让我们重温历史，检索一下古希腊学者的天文思想。公元前 4～前 3 世纪，希腊人对宇宙有两种截然不同的理解。

欧多克斯（Eudoxus，公元前 408—前 355）代表了其中的一派，他从几何角度解释天体运动，将复杂天体的周期现象细分为几个相对简单的圆周运动,认为天体沿着圆周轨道运动,由此推测天体都在以地球为中心的圆周上做匀速圆周运动。亚里士多德继承了欧多克斯的衣钵,进一步将其发扬光大,形成了一个符合常识、可以感觉、顺应人类心理需求的地心体系。亚里士多德认为,上帝推动了宇宙的运动,而地球居于宇宙中心也是上帝的意志。

阿利斯塔克的宇宙观则完全不同。他认为,太阳和恒星不动,地球除了沿着自转轴每天运动外,还围绕太阳做圆周运动,每年绕太阳运动一周。当然,除地球之外,还包括其他行星。

所以,"地心说"和"日心说"在古希腊时期就有了。总体来看,亚里士多德的学说深入人心,而阿利斯塔克的见解无人理会。不被理解也属正常,因为阿利斯塔克的见解与人们肉眼看到的表象根本就不一样。

《天文学大成》中的星表是对喜帕恰斯星表的改进,其中的众多星座特别能诱发读者的好奇心和想象力。

托勒密的宇宙模型流传长达千年,确实创造了科学史上的重要奇迹。不可否认,托勒密的宇宙模型有历史的传承,同时它也是当时最简洁和易于理解的。首先,围绕某一中心做匀速运动的观点符合柏拉图假设,也与亚里士多德的物理学吻合,人们很容易接受这样的认识;其次,托勒密对他之前的地心体系做了改进,用几种圆周轨道不同的组合就预言了行星的运动位置,而且与实际情况相差不大,还能解释行星的亮度变化,这是他的成功之处;最后,地球不动的说法很符合人们的常识和感觉,又符合基督教信仰,对生活在宇宙中的人类无疑是极大的安慰。

为了证明自己理论的正确性,托勒密设计了一种天体系统,试图借助于这种复杂的几何构想解决一些地心说的推算与实际不符的问题,使推算结果与实际观测大致相近。在哥白尼提出"日心说"之前,托勒密的学说在欧洲占有统治地位。

托勒密的宇宙模型历史性地印证了亚里士多德的观点,但更趋完美和精巧。球形的地球位于宇宙的中心,其余诸天体绕它旋转。这些天体就包括我们现今十分熟悉的月亮、水星、金星、太阳、火星、木星和土星等。

在分析有限行星的运动时，托勒密巧妙地借用了喜帕恰斯的本轮-均轮理论。据说他花了几个月的时间绘制出了古代世界最理想的地心体系，它当之无愧地成为那个时代最富抒情色彩的绘画和最和谐优美的几何表达了。

在"希腊化"时代，在当时的观察所要求的精度范围内，托勒密的地球中心说用来解释事实是相当成功的。从几何学的观点来看，这个学说的唯一弱点是它的均轮与本轮的繁复性。

在这个学说背后，有三个重要支撑：常识和感觉（人们一般认为，万物自然而然要向大地坠落）、亚里士多德的权威、神学信仰所不可动摇的基础。一般人以为大地在他们的脚下静止不动，虽然有些人想象它是浮在宇宙中心的球。

要对付当时认为完全合理的论据，并提出一个完全不一样的理论，不仅需要有极大的独创才能，还需要有某种高屋建瓴的哲学观点，同时也需要非凡的勇气，以便为自己的学说辩护。而这些，在"希腊化"时代，还需要更多的耐心、积累和等待。

托勒密的"地心说"最完满地体现在他的专著《天文学大成》中，后来的学者，特别是阿拉伯学者，对托勒密的思想进行了润色和修改，开始在全世界流行，一直到哥白尼出现。

2. 总体评价

托勒密确实是个百科全书式的人物，他既善于创新，又具有综合既成知识的能力。在那个时代，能够把零星的知识整理成系统的理论，更是难能可贵。历史上的托勒密著述甚丰，他善于集古代学说之大成，成一家之独创。在这方面，他是一位特殊的天才。

在很多方面，托勒密像一位先知，他使占星学作为一门科学发展到了一个新的高峰。他的《占星四书》是当时占星学的主要课本，那是中世纪最好的科学指南之一。这也难怪他会成为那个时代的权威，他的思想体系和影响在世界各地游荡了1000多年。托勒密的学说在整个中世纪控制了人们关于宇宙的基本观念。

今天，地理学中的一些词汇和世界地图的结构还源于托勒密。他坚信亚里士多德关于地球结构的理论，他最出色地继承了埃拉托色尼和喜帕恰斯的衣钵，他最有效地实践了用经线和纬线形成的网格体系来绘制世界地图。

据说但丁（Alighieri Dante，1265—1321）的思想就深受托勒密宇宙体系的影响，在《神曲》中，但丁对神话世界的描述，也取材于托勒密的天文学基本思想。这可以从诗篇描写中窥见。

在《天堂篇》中，少女贝娅特引领着但丁依次上升到了月球天、水星天、金星天、太阳天、火星天、木星天、土星天、恒星天，最后抵达了水晶天（原动天）。在那里亲眼见到了上帝的圣容。于是，作者和少女沉浸在至高无上的幸福中。

这种纯粹诗意的描绘实际上是以另一种形式对托勒密宇宙体系的等级结构做出了形象生动的图解，也十分准确地透视了统治者的心态和愿望。到"日心说"终于取得了主导地位时，欧洲的文艺复兴已经结出了灿烂辉煌的果实。

托勒密对世界的影响广泛而深刻。哥白尼正是受托勒密的有缺陷的地心说启发，才提出了自己独特而更加有效的宇宙理论。他应该是托勒密理论的最大受益者。

今天，当我们沉思托勒密现象时，我们也许会问，一种思想为什么如此的根深叶茂？一种学说为什么会有如此持久的生命力？这恐怕不是几句话就能充分表达的。

当然，宗教神学的需要更有利于这种局面的形成和持久，这是一个重要因素。但托勒密的宇宙结构和地心学说开一个时代的先河，并且长期居于主导地位，这同样是一个不可忽视的因素。

从历史的观点看，托勒密十分有效地推动了他所处时代的发展，从根本上否定了宇宙的帐篷结构，并运用计算数学和球面几何等工具做了相对准确的计算。因此，在科学的殿堂里，我们应该给托勒密留下一个适当的位置。

由于托勒密所处时代的局限性,科学所积累的素材并不完善。由于托勒密忽视了埃拉托色尼对地球大小的准确估计,以至于他对地球周长的估算有些小了。

尽管如此,托勒密仍然是那个时代以至后来1000多年知识领域的典范,托勒密总是跟知识联系在一起,并且成为启发我们灵感的源头。

四、儒 略 历

儒略历是为了纪念一个人,这个人就是罗马统帅盖乌斯·尤利乌斯·恺撒(Gaius Julius Caesar/Jules César,公元前102—前44),天文学家曾将"Julius"译成儒略并一直沿用至今。

在恺撒之前,罗马的历法一直采用阴历,而阴历来自希腊,这是一种用月亮的运行周期作为纪年的标准,同时要加上默冬周期作为太阳年与太阴月的换算标准,使用起来总是不太方便。

公元前1世纪中叶,恺撒征服了埃及,在亚历山大里亚,天文学家建议恺撒使用埃及的阳历,以确保广大土地的历法统一和政令畅通。恺撒接受了这个建议,并把埃及的阳历带回了罗马。天文学家告诉恺撒,要每4年置闰一次,以保证埃及的阳历与太阳的运行相吻合。

埃及人很早就知道,一年的长度是365.25天。公元前4000年,埃及使用的历法规定一年12个月,每月30天。每年的岁末加上5天,这样一年就是365天了。这5天是分别献给俄赛利斯家族诸神的。这种固定的以365天为一年的历法没有置闰,它每4年要比太阳年落后一天。虽然他们知道一年的实际天数比365天要多一些,但宗教的保守力量制约了历法的更新。

恺撒决定在罗马推行阳历，历法规定：头3年为平年，1年12个月，共365天，第4年为闰年（366天）。因为恺撒出生在7月，为了体现自己的尊严，要求这个月必须是大月，天文学家只好将单数的月份定为31天（大月），双数的月份定为30天（小月）。这样一来，每年就多出了1天，必须从某一个月中扣除1天，当时，罗马的死刑都在2月执行，人们认为2月是不吉利的月份，所以从2月里减去1天。

恺撒的专横由此可见。恺撒是政治家、军事家，甚至还是个历史学家。这并不是当时的世俗社会送给他的光环，而是经过时间检验后还原出来的历史真实。

恺撒死后，他的养子屋大维继位，这个屋大维同样专横，因为他的生日在8月，他也要仿照恺撒，通过改变历法来体现自己的威严，所以下令将8月定为大月，并且从8月份以后将双月都定为大月。父子俩总算扯平了，但这样一来，一年就有7个大月，又多出了一天，那就再从不吉利的2月份减去一天。所以，我们今天的阳历中，2月是28天，如果碰到闰年，2月就是29天了。

总体来说，儒略历与地球气候的变化符合较好，特别是与节气的变化基本一致，能有效地指导农业生产和人们的生活节奏。公元325年，基督教罗马教皇宣布儒略历为基督教教历，以指导教徒的宗教生活和祈祷祭祀。

虽然儒略历的一年与实际回归年差别不大（前者比后者长0.0078天），但时间一久，这种差别就越来越不能忽略。到1582年，罗马教皇格里高里八世宣布改革历法时，两者相差已有10天。教皇命令御用天文学家克拉维厄斯在儒略历的基础上制定新的历法，这种新历法就是格里高里历，也是我们今日使用的公历。克拉维厄斯是罗马著名的天文学家，在他的指导和倡导下，新历法更加符合实际情况。

与儒略历相比，新历法的主要不同有两点：①为了使历制和季节同步，格里高里历将公元1582年减少10天，即将公元1582年10月5日直接变成15日；②逢百之年只有那些能被400整除的年份才算闰年。这样一来，每年的误差已小至26秒，因而每3323年才累积成为一天的误差。为了助兴,他将新年元旦恢复为原先的 1 月 1 日。当时,欧洲天主教国家采用了格里高里历,但新教徒国家却迟迟未改。

一直到 1752 年,英国及其殖民地才同意将这年删去 11 天。据说,这个决定曾在伦敦引起骚动,有许多人非常愤怒,因为他们突然发现自己的 11 天被别人拿走了,也被骗了 11 天的租金,因此他们大叫着,让教皇还给他们 11 天。这也成为历法改革史上的一段逸事。

第五章

惊世骇俗：哥白尼和他的"日心说"

哥白尼是我们最熟悉的科学家之一，他的天文学思想几乎可称为一场革命，而且是整个近代科学革命的第一阶段。

这场革命是一场观念变革，它是对已有概念框架的重新定义，并带来了欧洲的学术复兴。

前面四章内容介绍了世界上重要文明古国的天文学成就，从这章开始的后面几章专门介绍自欧洲文艺复兴以来著名天文学家的杰出工作，他们的伟大发明或发现共同推动了人类文明的进步。

一、奠定基础

尼古拉·哥白尼（Nicolaus Copernicus，1473—1543）出生在波兰维斯瓦河畔的小城托伦市。这里当时属于波兰王国皇家普鲁士行省。在家里4个孩子中，哥白尼最小。父亲是商人、也是议员；母亲是托伦当地一位商人的女儿。由于家境富有，哥白尼受到了良好的启蒙教育。大约10岁时，哥白尼的父亲去世。

父亲去世后，哥白尼的舅舅小卢卡斯·瓦真罗德主教对哥白尼照顾有加，他后来的求学之路，甚至包括工作都得到过他舅舅的帮助。他舅舅在波兰是有一定社会影响的人物，包括与波兰的顶级知识分子保持联系，与一些著名的人文学者、王室成员和朝臣保持好友关系。显然这对哥白尼后来的发展极为有利。

1491年的冬季学期，哥白尼前往克拉科夫大学学习。据说当时这所大学的天文学和数学很吸引人。哥白尼的老师阿尔伯特·布鲁楚斯基讲授的亚里士多德哲学，以及课堂之外讲授的天文学，对哥白尼的影响较大。

在克拉科夫大学，哥白尼学过的课程包括代数、几何、几何光学、宇宙学、宗教学、医学、天文学等，期间他还对天文学产生了兴趣。几年的学习奠定了哥白尼天文学和数学方面的坚实基础，并对人文文化有精深把握。他还深入研读了亚里士多德的《形而上学》，这本有关哲学与自然科学的著作激发了他的浓厚兴趣。他经常通过参加大学讲座和阅读书籍拓展自己的知识，也广泛搜集天文学方面的藏书。他的大部分藏书现在收藏在瑞典的乌普萨拉大学图书馆。

23 岁时，哥白尼来到意大利，先后在博洛尼亚大学和帕多瓦大学攻读法律、医学和神学，后来又到费拉拉大学学习宗教学。当时的意大利是文艺复兴的源头。在学习医学的时候，哥白尼对占星术有所涉猎，因为在当时，占星学被认为是医学教育中的重要组成部分，而占星学与天文学有着天然的血脉关系。1503 年 5 月 31 日，哥白尼通过了费拉拉大学规定的考试科目和论文答辩，获得了教会法博士学位，成为一名神奇的医生，深受患者拥戴。

那时候，博洛尼亚大学的天文学家德·诺瓦拉（de Novara，1454—1540）讲授天文观测技术和希腊的天文学理论。他学养高深，授课技艺精湛，对哥白尼产生了很大影响。哥白尼后来之所以能提出"日心说"，在很大程度上是因为在意大利受到了很好的熏陶。1506 年，哥白尼结束了长达 10 年的留学生活，从意大利回到波兰。

在克拉科夫大学的学习生活，以及在意大利的 10 年求学之路为哥白尼后来的发展奠定了重要基础，促使他在天文学的两大流行体系，即亚里士多德的同心球面学说和托勒密的偏心圆和本轮理论之间进行逻辑比较分析，并在批判继承的基础上，初步构建了自己的宇宙结构理论。

二、历 史 背 景

在介绍哥白尼的宇宙模型之前，我们先关注一下历史。早在公元前310年，"希腊化"时期的天文学家阿利斯塔克就提出了日心地动说。阿利斯塔克说："日月星辰并非绕地球转动，而是地球和其他星辰一起围绕太阳转动。"

阿利斯塔克的这一假设继承了更早时期毕达哥拉斯学派的中心火理论，他把中心火的位置放在了太阳上。阿利斯塔克根据自己的理论解释说："恒星的周日转动是地球绕轴自转的结果。"在那个年代，阿利斯塔克远没有亚里士多德影响力大，人们宁愿相信脚下的地球是宇宙的中心。到了中世纪，在教会的干预下，"地心说"几乎达到鼎盛时期。

众所周知，中世纪的欧洲社会是"政教合一"，罗马教廷控制着许多国家，《圣经》拥有至高无上的地位，《圣经》所言也是世间唯一的真理。凡是违背《圣经》的学说，都被斥为"异端邪说"，凡是反对神权统治的人，都面临被处以火刑的可能。这种情况一直延续到哥白尼时期。

中世纪的天文学上承古希腊，这只是问题的一面。尽管《圣经》没有涉及诸如"地球是宇宙的中心"及"天圆地方"等观点，经院哲学家们还是按照自己的意图架构好了地球的位置，那就是以神为中心的宇宙论。这也是当时唯一的官方理论。

不符合这一理论的学说都在禁止之列。在那个时代，为了巩固封建统治，天主教会的宗教裁判所烧掉了许多珍贵的科学著作，严厉惩罚了那些有独立思想、勇于创新的天文学家。因为他们没有把地球放在宇宙的中心，还说地球是圆的。宗教裁判所给他们定的罪名是，他们的歪理邪说违背了《圣经》的教义。

在此背景下，"科学已经变成了神学的婢女"，统治者随意歪曲和阉割科学，断章取义，其目的是为属于自己的统治阶层服务。在那样的社会里，很少有人了解古代科学典籍的真实内容。一些有良知、有使命感的科学工作者，私下里悄悄发掘古代的文化遗产。

在社会格局方面，14世纪以前的欧洲处于四分五裂的状态。稍后不久的采矿业和冶金工业促进了经济的繁荣，随着城市工商业的兴起，许多新兴的城市不断涌现，如波兰的克拉科夫、波兹南等。到15世纪末，欧洲大陆原来四分五裂的小城邦逐渐向中央集权的君主政体演变。

15～16世纪的欧洲，正是从封建社会向资本主义社会转变的关键时期。在将近200年间，欧洲社会发生了巨大变化。在政治体制和经济生活发生变革的同时，科学与文化也在酝酿着某种突破。

为了生存和发展，新兴资产阶级掀起了一场反对封建制度和教会迷信思想的斗争，出现了许多人文主义思潮。他们从古希腊的哲学、科学和文学等古典著作中，看到了未被神学玷污的光辉，从而开始了一场复兴运动，这就是震撼欧洲社会的文艺复兴。文艺复兴首先发生在意大利，很快就扩大到波兰及其他欧洲国家。

商业活动为社会积累了财富。许多欧洲探险家在利益驱动下冒险远航，他们的足迹远达非洲、印度，甚至更远。远洋航行既需要天文和地理知识，也开阔了人们的视野，使他们对某些既成知识产生怀疑，包括历史形成的"地静天动"说，进一步探索宇宙结构成为科学家的命定课题，这一工作直接推动了天文学和地理学的发展。

1492年，西班牙著名的航海家哥伦布（Christopher Columbus，1451—1506）发现了新大陆，麦哲伦（Ferdinand Magellan，1480—1521）和他的同伴绕地球一周，终于证明地球是圆的，人们对地球详细面貌的认识更加迫在眼前。

三、更新宇宙模型

人类对宇宙结构及其变化规律的思考从来没有停止过。古希腊哲学家就有了地球运动的思想，只是这一思想缺乏依据，没有边际清晰的模型。在2000多年前的古希腊，亚里士多德就主张"地心说"，认为地球静止不动，其他天体都围绕地球旋转；地球是宇宙唯一的中心，崇高而又神圣。

说到哥白尼，有一个人不能不提及，这个人是哥白尼能够成就一番事业的引领者。他就是"希腊化"时期的天文学家托勒密，托勒密几十年如一日，总结前人的观测成果，写成了《天文学大成》(在阿拉伯半岛及其附近地区，把这本书叫作《至大论》)，时间大约是公元2世纪。

书中提出了"地球是宇宙中心"的著名论断，这个影响深远的地心说很容易被人们接受，又正好跟基督教教义中上帝在宇宙的位置不谋而合。

托勒密说，地球处于宇宙的中心，其他所有天体均沿圆形轨道绕地球运转。为了使自己的理论符合观测数据，托勒密假设，天体在一个称为"本轮"的小圆形轨道上匀速转动，而本轮的中心在称为"均轮"的大圆轨道上绕地球匀速转动。

这一理论和当时的天文观测数据基本吻合，更加重要的是，这一理论体现了地球和人类的重要性，也恰好在天球之外给天堂和地狱留下了空间。因此，也受到了教会的青睐，在教会的推动下，托勒密宇宙体系普遍被人们接受。

托勒密认为，所有的天体，包括太阳在内，都围绕着地球运转。

而地球却静止不动，因此才有了"地球是宇宙中心"这一说法。为了解释天体运行的时快时慢现象，托勒密设计了许多均轮和本轮，据说托勒密的那些小轮子多达 80 个以上。结果，托勒密的宇宙模型就越来越烦琐，也不能合理地解释天体的运行。这使他的宇宙体系变得复杂和难懂。这样的宇宙模型迟早要受到质疑。

"地球是宇宙中心"的说法符合中世纪神学家的宇宙观念。因此，他们极力宣传托勒密的学说。这一做法造成人们在接受"地心说"的时候，忘记了托勒密学说中科学的方法论，如他建立了天才的数学理论，以及他通过观测、演算和推理的方法解释了天体运行的原因和规律，这正是托勒密学说中富有生命力的部分。因此，尽管托勒密的"地心说"和神学家的宇宙观不谋而合，但在本质上，两者有根本的区别。

在哥白尼的"日心说"发表之前，"地心说"一直居于统治地位，包括漫长的中世纪。因为这个学说的提出与基督教《圣经》中关于天堂、人间、地狱的说法不谋而合。这也是处于统治地位的罗马教廷竭力支持"地心说"的原因。"地心说"被教会奉为和《圣经》一样的经典，而且，宗教教义还把"地心说"和上帝创造世界融为一体。

后来，随着科学和技术的不断发展，天文观测的精确度也逐渐提高，人们越来越发现，"地心说"破绽明显。到文艺复兴时期，托勒密"宇宙模型"的均轮和本轮数目众多，这样的宇宙既不简洁也不合理。在此背景下，人们迫切期待一种科学的天体系统。

哥白尼深入研究了托勒密的著作，发现了托勒密的错误结论和科学方法之间的矛盾。哥白尼认识到，天文学未来的发展道路，不应该是对托勒密的旧学说进行"修修补补"，而是要提出宇宙结构的新思想。

其实，早在克拉科夫大学读书时，哥白尼就已经开始考虑地球的运动和在宇宙中的位置。后来，他在《天体运行论》的序言里说过这样一句话："前人有权利虚构圆轮来解释星空的现象，我也有权利尝试发现一种比圆轮更为妥当的方法，来解释天体的运行。"他这里所说的前人，主要指"希腊化"时期的天文学家托勒密，而那些圆轮就是托

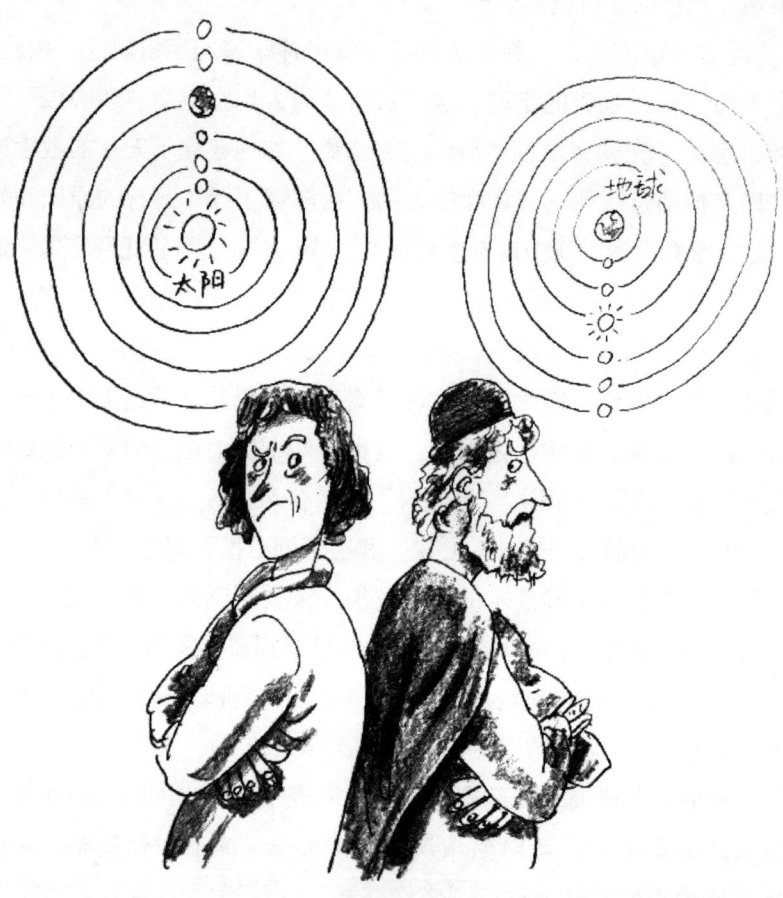

"地心说"与"日心说"

勒密的那80多个均轮和本轮。

在意大利期间，哥白尼就了解了"希腊化"时期的哲学家阿利斯塔克的日心地动学说，确信地球和其他行星都围绕太阳运转。他在自己的读书笔记中记下了这样一句话："在行星的中心站着巨大而威严的太阳，它不仅是时间的主宰，不仅是地球的主宰，也是群星和天空的主宰。"这句话是阿利斯塔克说的，这样的卓越见解在哥白尼那个时代被认为是"离经叛道"的歪理，哥白尼却把它当作夜航中的灯塔。

从费拉拉大学毕业时，哥白尼还在努力研读古代的文献典籍，目的是为"日心说"寻求参考资料。他几乎读遍了能够弄到手的各种文献。他发现，把时间花在阅读古代典籍上，能穿越广阔的时空找到关于宇宙结构理论的知音。

后来，哥白尼将不动点从地球移动到了太阳上，一切问题迎刃而解。不仅使宇宙模型变得简洁，也能更好地符合实际观测结果。

四、宇宙是和谐的

1512年，哥白尼从赫尔斯堡（Healdsburg）迁居到弗龙堡（Frauenburg）。弗龙堡濒临波罗的海，是个小渔港。在弗龙堡安顿下来后，哥白尼买下了城堡的一座箭楼。箭楼呈三角形，楼顶前倾，几乎伸到围墙的外边。在战争年代，箭楼是重要的据点，据说是攻守皆宜。顶层是哥白尼的工作室，是观测天象的最佳地点，外面还有个露台，视野非常开阔。下面两层是卧室。从那时起，哥白尼一直居住在这里，直到去世。

早在1500年11月6日，哥白尼在罗马近郊的一个高岗上观测过月食，当他看到地球投射在月球表面的弧状阴影时，他首先想到的就是地球是一个圆球体。很多人曾有此想法，包括古希腊的亚里士多德。

在弗龙堡，他多次站在波罗的海岸边观察帆船。有一次，他看到一艘帆船在桅顶绑了一个闪光的物体，就对这次观察做了详细描写："随着帆船远去，那个闪光的物体逐渐降落，最后完全隐没，好像太阳下山一样。"这次观察更使他坚信地球是圆形的信念。

波罗的海岸边阴湿多雾。冬天的夜晚非常寒冷，星星在蓝天里闪烁着耀眼的寒光。哥白尼常常在这样的夜晚穿上皮袄、戴上棉帽，把仪器搬到箭楼的露台上进行观测。他的天文观测仪器都是自己动手制作的，主要包括测量行星距离的"三弧仪"，测量月球和行星位置的"捕星器"，以及测定太阳中天时高度的"象限仪"。哥白尼利用这些简陋的仪器，在弗龙堡进行了多次观测，由此得出了许多非常有价值的结论。涉及的天文现象有日食、月食及行星的方位等，涉及的行星有火星、金星、木星和土星等。在望远镜发明以前，这一切都非常不容易，这也是人们非常钦佩哥白尼的重要原因。

1506～1515年，哥白尼用了约10年时间充实和完善他的影响世界的"太阳中心学说"的提纲。他曾给一些朋友散发了一份简短的手稿，初步阐述了他自己有关"日心说"的看法，那里面包含《天体运行论》的雏形。

1515年，哥白尼撰写了一篇题为"浅说"的论文，专门阐述关于天体运动的基本思想。虽然论文题目叫"浅说"，但哥白尼关于天体运动的认识非常深刻。哥白尼天体运动思想主要表现在以下几个方面：不存在一个所有天体都遵循的运动轨道；地球只是引力中心和月球轨道的中心，而不是宇宙的中心；所有天体都围绕太阳运转，宇宙的中心在太阳附近；与天穹高度相比，地球到太阳的距离微不足道；在天空中看到的任何运动，都由地球运动引起。

在1525年以前的几年时间，受波兰国王委派，哥白尼负责参加了对波兰北部十字骑士团的战斗，直到战争结束。

1525年秋天，一个名叫安娜的女管家来到弗龙堡。安娜对哥白尼衷心爱慕，决定和哥白尼共同生活，这在当时绝对是大逆不道，因为教会已经剥夺了哥白尼结婚的权利，安娜这种不顾世俗成见的勇气可见一斑。在安娜的帮助和照顾下，哥白尼书桌上的手稿一天天增多，那都是关于《天体运行论》的初稿。

《天体运行论》共分 6 卷。他首先概要式地介绍了宇宙的结构。在论证的开始，哥白尼根据许多观测资料推测，地球是一个圆球体。他进而推测，宇宙中所有天体都呈圆球状。哥白尼解释说："所有物体都倾向于凝聚成球状，从一滴水或一滴任何流体的形状都可以感觉到这种倾向。"他接着论证说："物体呈球状的真正原因在于它的重量，即在于物体的微粒或者说原子的一种自然倾向，要把自己凝聚成一个整体，并收缩成球状。"在那个年代，他对物质微观结构的把握不可能那么清晰，但这足以启发 100 多年后的牛顿，帮助他发现万有引力。

哥白尼还介绍了某些数学原理，其中平面三角和球面三角的演算方法都属于哥白尼首创。关于三角形的某些运算规则，包括从三角形的某些已知边和角去推算其他边和角的规则，以及三条边是直线的平面三角形和三条边是球面上弧线的球面三角形，哥白尼都有论及。在此基础上，他试图用数学模型描述天体运动，制成了一个在当时看来非常和谐的宇宙结构和恒星表。

在介绍了地球的绕轴运行和周年运行后，哥白尼论述了地球唯一的卫星。他认为，在月食时人们可以从月球、地球和太阳的相对位置，得到关于宇宙真实结构的启发。他说："当宇宙别的部分都是澄明和充满日光的时候，所谓黑夜就不是什么别的东西，而只是地球本身的阴影。月亮落在这个阴影里，就会失去光泽，而当它出现在阴影正中央时，它的位置正好和太阳相对。"

后来他终于完成了他的伟大著作《天体运行论》[①]。这一著作奠定了他在世界科技史上的重要地位。直到 1543 年，《天体运行论》才最终出版，此时的哥白尼已如即将熄灭的蜡烛。

他在书的"序言"里提到过书的出版情况，他说："在漫长的岁月

---

① 这本书也叫作《论天球的旋转》（*De revolutionibus orbium coelestium*）

里，我曾经迟疑不决。"因为他害怕教会对这一新兴科学理论进行迫害，包括对他自己的迫害。早在旅居意大利的时候，教皇亚历山大六世就重新颁布圣谕，禁止印行未经教会审查的书籍，可疑的书籍一律焚毁。即便波兰远离意大利，其生存环境也相差无几。

书稿没有出版之前，社会上就有很多人非难哥白尼的学说。新教徒甚至比旧教徒更为敌视哥白尼的学说。马丁·路德就曾挖苦说："这个傻瓜想要推翻整个天文学！"

尽管环境非常险恶，热心人还是不少，最重要的是，哥白尼在思想上没有妥协。1541年，他下决心出版他的著作。在朋友们的帮助下，《天体运行论》终于在两年后出版。1543年5月24日，当印刷工人将这部散发着油墨芳香气味的巨著送到弗龙堡时，哥白尼已生命垂危。据说医生梭尔法把书放到被子上，又把哥白尼的手放到书上，哥白尼用有些痉挛的手摸了一下书的封面。一个小时后，哥白尼与世长辞。

300多年后的1859年，一个叫李善兰（1811—1882）的中国人翻译了英国天文学家赫歇尔（Friedrich Wilhelm Herschel，1738—1822）的著作《天文学纲要》（当时叫作《谈天》）。第一次把万有引力定律及天体力学知识介绍到中国。书中介绍了哥白尼的学说，李善兰为此书写了一篇序言，在序言中阐述了自己的天文思想。

李善兰对哥白尼非常崇拜，他还对天体椭圆轨道运动进行过研究，提出了自己独特的算法，其中最主要的是他第一次在中国使用了无穷级数的概念来求解开普勒方程。他是清朝末年西学东渐的重要人物，他的著述和翻译作品很多，他曾将自己主要的天文、算学著作汇编成一本书，这本书就是《则古昔斋算学》。这是一个小插曲。

《天体运行论》一直流传至今，今天的书店里，还很容易买到这本书。直到19世纪中叶，在布拉格的一家私人图书馆里，人们发现了《天体运行论》的原稿。1873年，在再版的《天体运行论》中，增补了哥白尼的原序，但是没有有关原子学说的章节。1953年，《天体运行论》出第四版时，才全部补足原有的章节。这时哥白尼已经逝世了410年。

严格地说，哥白尼是一个虔诚的天主教徒，而且自始至终都是如此。和一般的天主教徒相比，他又是一位科学家，或者说，是一位严谨的科学家，所以他才会用科学的观察和计算否定那些根深蒂固且影响深远的旧识。

哥白尼在《天体运行论》的序言里曾写过这样一段话："如果真有一种科学能够使人心灵高贵，脱离时间的污秽，这种科学一定是天文学。当人类果真见到天主管理下的宇宙所呈现出来的庄严秩序时，必然会感到一种动力，促使人类过一种规范的生活，去实行各种道德，可以从万物中看出，造物主确实是真善美之源。"

据说在一次关于"日心说"的辩论中，哥白尼引用了古罗马诗人西塞罗（Marcus Tullius Cicero，公元前106—前43）的一句话："没有什么东西赶得上宇宙的完整，赶得上德行的纯洁。"他用这句话表明了他对宇宙的理解。他心目中的宇宙是完整的、对称的、和谐的，是有秩序的，也是可以理解的。

五、思想的星空

《天体运行论》的一个重要结论是，它根据相对运动的原理，解释了行星运行的视运动。在哥白尼以前，还从来没有谁如此详尽地阐述过相对运动原理，也没有人从中得出过这样重要的结论。

《天体运行论》里的一段话非常有助于我们对相对运动原理的理解："所有被我们观测的物体的位置变动，不是由被观测物体的运动引起，就是由观测者的运动或物体和人的不一致的变动引起。既然地球是我们在它的移动中进行观测的基地，那么我们观测到的天空中的运动，如太阳的运动，就可能是一种表面的运动，是一种由地球本身的运动所引起的幻觉。而其他天体的运动，就可能是那个天体及地球的不一致的运动所引起的。因此，如果承认地球绕轴运动，即地球从西向东地自转，那么，显然就会觉得好像是太阳、月亮和星辰在升起和降落。"

哥白尼认为，地平线将天球一分为二。他据此提出了一个很有价值的论断，即所谓的宇宙无限论。

《天体运行论》提出了天体运行的新理论，书中论述了地球绕其轴心运转、月亮绕地球运转、地球和其他所有行星都绕太阳运转的事实，推翻了长期以来居于统治地位的"地心说"，并从根本上否定了基督教关于上帝创造一切的谬论，也否定了托勒密的宇宙模型。

《天体运行论》并非尽善尽美，比如哥白尼低估了太阳系的规模；而且他认为，天体只能按照所谓完美的圆形轨道运动，所以星体运行的轨道都是一系列的同心圆，这种错误源于他的数学模型的缺陷和运算过程的不完善。尽管如此，他的书还是引起了极大关注，启发了其他天文学家对行星运动更为准确的观察。开普勒就是在丰富观测资料的基础上，以哥白尼理论为起点，最终推导出了星体运行的正确规律，从而实现了天文学的根本变革，开启了该研究领域的新纪元。

从某种程度上说，哥白尼宇宙体系的局限不一定是思想的局限，而是时代和社会环境的局限。比如，他不会为了捍卫自己的学说去跟教廷和宗教教义过不去，他知道如果那样做他连基本的生存都难以保障。另外，他心目中的宇宙只局限在一个小范围内，他的宇宙结构仅仅包含太阳系，以太阳为中心的天体系统也是不完善的。

众所周知，如果无边界，说有无中心就没有意义。正如无起始和运动就无时间是一样的道理。虽然他也否定了托勒密的"九重天"，但他同时又给宇宙包装了一个漂亮的外壳。宇宙既然有它的中心，就一定有它的边界，那就是哥白尼的那一层恒星天。宇宙是否有限不再是一个问题，因为他相信，恒星天球就是宇宙的"外壳"。

我们可以用"丰功伟绩"一词来形容哥白尼的历史贡献。他是近代自然科学的重要奠基人，因为他首次从科学上系统地阐明地球不是宇宙的中心，而仅仅是其中的一个行星，这在天文学发展史上可称为一场革命。《天体运行论》也成为人类探求客观真理道路上的重要里程碑。哥白尼的伟大成就，不仅奠定了近代天文学发展的基础，也开创了整个自然科学向前迈进的新时代。可以肯定地说，从哥白尼时代起，脱离教会束缚的自然科学和哲学开始获得了迅速发展。

哥白尼的"日心说"是科学家独立思考的结晶，是人类理性、科学精神和哲学思想扎根在文艺复兴土壤中结出的硕果。从那之后，宗教的宇宙观越来越不得人心，宗教神学对天文学的束缚，包括对整个自然科学的束缚不再像过去那样有力。科学的春天真的来了。

毫无疑问，哥白尼是欧洲文艺复兴时期的一位巨人。他用毕生精力研究天文学，为后世留下了宝贵的遗产。弗龙堡的箭楼孕育了哥白尼伟大的梦想，波罗的海的蓝天成就了哥白尼的宇宙观。后来，当德国的开普勒总结出行星运动三定律、英国的牛顿发现万有引力定律以后，哥白尼的宇宙观才显得更加完整。

1687年，牛顿的《自然哲学的数学原理》问世。在书中，牛顿用万有引力的原理解释了行星的运行，给地球的绕日公转提供了更有力的证明。地球的自转和公转观念深入人心。这时候的欧洲，越来越多的大学已经公开讲授哥白尼的学说。

哥白尼精通拉丁语、德语和波兰语，还会说希腊语和意大利语。哥白尼的大部分存世作品都是拉丁语版本。拉丁语当时是学术界广泛使用的语言，也是当时罗马天主教会和波兰宫廷的官方语言。哥白尼也有一些德语版本的存世作品。

终其一生，哥白尼都是一位教职人员，而且一生的大部分时间都是在弗龙堡大教堂任职。哥白尼还是一位广受欢迎的医生。哥白尼不是科班出身，也不是职业天文学家，但对于世界和历史来说，对于科学发展来说，他的贡献是巨大的。

哥白尼学说颠覆了人类对宇宙的认识，深刻影响了人类的宇宙观。在很长一段时间，哥白尼对世界的影响主要是精神方面的，因为在当时，即使没有这一学说，技术的发明和创造同样可以进行下去。但离开了法拉第、麦克斯韦、拉瓦锡和牛顿等科学家的理论，这一切皆不可能。

所以，仅仅考虑哥白尼学说对技术的影响就会忽略它的真正意义和内在价值。对伽利略和开普勒来说，哥白尼关于宇宙的理论是主要的铺垫和支撑，也是一个不可缺少的序幕。他们又是牛顿的主要前辈。正是他们的发现才使牛顿有能力确立和完善物体运动定律和万有引力定律。

六、在寂寞中超越

哥白尼离开了他热爱的世界，他的理论迎来了更多的拥护者，包括丹麦天文学家第谷、德国天文学家开普勒，以及意大利物理学家和天文学家伽利略。

今天，我们对太阳系的认识似乎很明确，太阳是中心，包括地球在内的八大行星围绕太阳旋转，我们对自己的认知没有一点怀疑。其实，我们绝大多数人的所谓认知并非源于观察，而是学校老师或教科书教给我们的。我们也知道，目前我们这些认知的原型就是哥白尼的"日心说"。

哥白尼就是近代科学的引路人。和达·芬奇一样，哥白尼也是一个博学多才的人，但他的兴趣主要集中在天文学与数学方面。如果说阿利斯塔克关于"太阳是宇宙中心"的假说是靠猜测令人玄想，那么哥白尼的"日心说"就是通过计算让人信服，这正是他的特别之处，也是他的"日心说"影响巨大的根本原因。

书稿完成之后，哥白尼迟疑了10年。因为他深知，这本书的出版意味着什么。后来，哥白尼下决心发表了《天体运行论》，并在书的扉页上小心翼翼地写下了"献给敬爱的教皇"之类的恭维话。其实，他心里十分清楚，教皇是不爱看的，不仅不爱看，对书中的思想还深恶痛绝。好在哥白尼来日无多，他不用顾忌太多。

今天，天文学已经比较成熟。我们知道，哥白尼学说的最大缺失是，他仍然要借助很多小轮来描述行星的运动。而他的最大贡献是指出：恒星不动，太阳当然也就不动了。其实，动与不动都是相对而言的。

托勒密相信恒星以圆形轨道运转，所以，他不得不借用亚里士多德的学说来完善自己的理论。亚里士多德的重要思想之一就是，天体是以圆形运动的。因为哥白尼的学说中规定恒星不动，他的理论模型就更简单。

哥白尼的理论启发了后来的开普勒，他以椭圆取代了圆形，这样就把哥白尼天球模型中的许多小轮也拿掉了。后来的布鲁诺更是向前迈进了一大步，提出了无中心的无限宇宙论。

没有中心，上帝怎么会容忍？所以，布鲁诺就被野蛮邪恶的宗教制度扼杀。他被烧死在罗马的鲜花广场上。那是1600年，黎明的曙光已经来临，一轮遥远的太阳昭示着一个新时代的开始。

根据哥白尼的理论，地球总是在运动的，而且运动的速度还很快。既然这样，为什么我们觉察不出自己也跟着一起在运动？为什么我们没有因为地球的运动而被甩了出去？怀疑是创新的开始。对这一问题的解答就意味着我们知识库的丰富。今天我们已经有了答案。但在哥白尼时代，这还真是一个问题。哥白尼对此的回答是，这就像一个人坐在一艘大船上，他几乎觉察不出船在运动。哥白尼的解释生动形象，在一定程度上启发了伽利略的力学研究。

德国诗人歌德（Johann Wolfgang von Goethe，1749—1832）就是哥白尼的"粉丝"，他曾经说过这样一段话："哥白尼的日心说深刻地撼动了人类的意识，从古至今，没有一种创见、没有一种发明能够与哥白尼的理论相比。读了哥白尼的理论后，谁还相信那个伊甸乐园？谁还相信赞美诗的歌颂？谁还相信那些宗教故事呢？"

第六章

布鲁诺：带着思想的诺亚方舟远行

哥白尼的"日心说"一出笼，就遭到当时的宗教思想和占统治地位的亚里士多德学说的抵触，也不能得到时下人们的常识和感觉认同，所以，反对者甚众。

此后的100多年，"日心说"经历了一系列磨难，甚至有科学家为此付出了生命的代价，布鲁诺就是最典型的一位。

一、为真理殉道

乔尔丹诺·布鲁诺（Giordano Bruno，1548—1600）出生在意大利那不勒斯附近诺拉城一个没落的贵族家庭。少年时期，父母将他送到那不勒斯一所私立人文主义学校读书，布鲁诺在这所学校学习和生活了6年。在这期间，他受到了基本的知识启蒙和文化熏陶，培养了读书的兴趣和爱好。

1565年，布鲁诺带着强烈的求知欲来到了多米尼克修道院学校学习，也成为修道院的一名正式僧侣。修道院学校开设的主要课程是神学，此外，还有古希腊和古罗马的语言文学、东方哲学和科学。漫长的僧侣生活和刻苦钻研成就了布鲁诺的思想，10年后，他获得了神学博士学位，同时还得到了神甫的教职。这时候的布鲁诺也不过二十几岁，正处在人生中的黄金年龄，生活展现在他面前的理应是一片灿烂的天空。事实却并非如此。

还在修道院学校学习时，布鲁诺就经常参加一些社会活动和人文主义思想的交流会，和一些学者交往甚密。这时候的欧洲社会，文艺复兴运动给人们的思想带来了强烈冲击，在强大的人文主义思潮启迪和影响下，布鲁诺阅读了许多禁书，这其中就包括哥白尼的《天体运行论》。

《天体运行论》可能是一部对布鲁诺影响最大的著作。布鲁诺被哥白尼的学说吸引，开始对自然科学产生了浓厚兴趣，与此同时，也越来越质疑宗教神学的神圣性。一旦有了这种思想倾向和心理取舍，布鲁诺的态度就会产生180度的大转弯，为心目中神圣的科学而勇往直前的精神或许就是从这时候培养起来的。

出于对经院哲学家们所宣传教义的怀疑和否定，布鲁诺写过一些批判《圣经》的论文。在那个社会，《圣经》是指引人们前行的至高无上的明灯，谁都知道对《圣经》产生怀疑和否定会带来什么后果。

文艺复兴运动的兴起并不意味着宗教的神圣色彩就此从人们心目中消失，特别是那些守旧的基督教圣徒们，他们对既成世界的信仰深信不疑，也根本不会容忍一些人在思想言论方面、在日常行为方面对他们产生怀疑。而布鲁诺恰好就是这样一个具有反叛性格的人。

布鲁诺的言行触怒了教廷。宗教裁判所指控他为"异端"，并毫不犹豫地革除了他的教籍。布鲁诺所学专业就是神学，按理说他应该"擦亮自己的眼睛"，应该与"上帝的思想"保持一致，应该发扬光大神圣思想的光辉，应该为建设那个美好的宗教大厦添砖加瓦，应该为捍卫经院哲学而奋斗一生。可他就是转不过这个弯，他依然坚持自己的观点，并且毫不动摇。

宗教裁判所准备将他绳之以法。为了逃避审判，布鲁诺逃离修道院前往罗马，后来又到了威尼斯。但宗教法庭已经张开了一张大网，到处通缉他。布鲁诺意识到，整个亚平宁半岛没有他的容身立足之地。没有办法，他只能越过阿尔卑斯山脉流亡瑞士，那是1578年的夏天。

瑞士美丽的湖山也不是他的栖身之地。在日内瓦，由于他激烈反对加尔文教派，遭到了逮捕和监禁。一年之后获得释放。瑞士又没法待了。布鲁诺一路颠簸，鞍马劳顿地来到法国南部一个叫土鲁斯的小镇，非常幸运地任教于当地一所大学。按理说，这时候的布鲁诺应该总结经验，有所珍惜，好好地生活和创造了。

可他就是管不住自己的一张嘴。在一次辩论会上，布鲁诺发表了自己的新思想，这些思想不仅涉及科学方面，也涉及宗教教义和人们的信仰，甚至习俗，还有对主流社会意识形态的评判。他的这些思想已经不能用新奇来形容了。因为他抨击了人们的传统看法和观念，不仅教会不满意，就连一些守旧和传统的教授和学生也看不惯他。没有办法，他不得不离开土鲁斯。

1581年，布鲁诺来到法国，继续宣传唯物主义和新的天文学观点，遭到法国天主教徒和加尔文教徒的围攻。两年后，四面楚歌的布鲁诺狼狈不堪地逃往伦敦。这个时期，布鲁诺的思想完全成熟，也正处在创作的巅峰时期。他先后出版了《灰堆上的华宴》《论原因、本原与太一》《论无限、宇宙与众世界》《驱逐趾高气扬的野兽》《飞马和野驴的秘密》和《论英雄热情》等著作，这几部著作都是用意大利文写的，因为意大利文比拉丁文更容易在平民阶层传播。

这些著作论点清晰、论述鲜明、语言泼辣、结构严谨。文中，布鲁诺对新思想一往情深，对旧体系严酷无情。这充分体现了布鲁诺的好战性格和宣传新思想的满腔热情。据说在牛津大学的一次辩论会上，布鲁诺为捍卫哥白尼的"日心说"发表了一场演说，毫不留情地批判了教会认为神圣、不可侵犯的托勒密"地心说"，这引起了许多经院哲学家们的强烈不满，他们群起而攻之。论战结束，布鲁诺也失去了讲课的自由。

失去工作、也失去经济收入的布鲁诺再次来到法国，法国的天主教徒和加尔文教徒没有忘记他，他应该收敛一下才好。一年之后，索尔蓬纳大学举办了一次辩论会，布鲁诺应邀参加。在这个巴黎最古老学府的讲坛上，布鲁诺诠释了自己的宇宙观。他明知道亚里士多德和托勒密被教会奉为绝对权威，是人们心目中的神圣，却毫无顾忌地反对亚里士多德和托勒密，法国已经没有他的容身之地。

之后，布鲁诺先后到德国和捷克漂泊。在法兰克福期间，他又发表了三部著作——《论三种极小和限度》《论单子、数和形》和《论无量和无数》。在这三部用拉丁文撰写的著作中，布鲁诺继续宣传他对宗教的见解、对世界的看法和新的宇宙思想。

欧洲的知识阶层都知道，思想异端的布鲁诺已经处在非常危险的境地。因为布鲁诺在欧洲社会广泛宣传他的新宇宙观，反对经院哲学，反对"地心说"，动摇了神的中心地位。罗马宗教裁判所对他的所作所为充满了恐惧和仇恨。1592年，罗马教廷设计将他诱骗回国，并逮捕了他。

宗教裁判所的原初用意是让他屈服，只要他在思想上认个错，不再越雷池半步，日子还是可以往下过的。他们为此用了很多刑罚，但布鲁诺没有半点屈服的意思。他说："即使高加索的冰川也不会冷却我心头的火焰。"他还说："为真理而斗争是人生最大的乐趣。"

8年折磨也没有消退布鲁诺的斗志。对于罗马教廷来说，他这面旗帜必须摧毁。1600年2月17日，布鲁诺被处以火刑。那天凌晨，白雾笼罩的罗马塔楼上，悲壮的钟声划破夜空，传进千家万户。他们知道，这是施行火刑的信号。通往鲜花广场的街道上站满了围观的群众。布鲁诺被绑在广场中央的火刑柱上，他向围观的人们庄严宣布："黑暗即将过去，黎明即将来临，真理终将战胜邪恶！"他高呼："火不能征服我，未来的世界会了解我，会知道我的价值。"他还要说，刽子手立即用木塞堵上了他的嘴，然后点火。布鲁诺就这样消逝在了熊熊烈焰中。

二、思想和信仰的力量

在哲学层面，布鲁诺继承和发展了古代朴素的唯物主义和辩证法，在此基础上，汲取了文艺复兴时期新的哲学思想和自然科学的最新成果。在他那里，"唯物"和"辩证"超然于一切。他最引人注目之处是，继承和发展了哥白尼学说，形成了自己崭新的宇宙论。在他的思想意识中，宇宙无限，"世界"众多，因此也就没有中心。

布鲁诺认为，地球只是绕太阳转动的众多行星之一，太阳同样是无数恒星世界里的普通一员。无限宇宙中，天地同质、各种天体此起彼伏，总有诞生和消亡，但宇宙本身却能永恒存在。此时的布鲁诺远远超越了"日心说"。照此思路发展下去，宇宙结构似乎更易于理解。

当时的欧洲社会，不论是正统的天主教，还是打着宗教改革旗号的新教，对待布鲁诺的态度都是一样的。他们把他视为眼中钉、肉中刺，欲除之而后快。因为他的新宇宙观成了反对教会、反对经院哲学最锐利的武器，布鲁诺也成为异端思想的代名词。

布鲁诺的反叛是因为他看不惯当时社会的一切陈规陋俗。在布鲁诺的故乡意大利，基督教的统治根深蒂固，民间还流行着各种宗教迷信，包括信徒崇拜圣像、崇拜干尸。受过人文主义思想深刻洗礼的布鲁诺对此充满了蔑视。

布鲁诺不认同上帝具有"三位一体"性，也不认同经院哲学家所宣扬的"变体说""圣母洁净怀胎说"和"上帝创世说"等教义。布鲁诺所持的这种否定态度使他站在了宗教教义的对立面，基督教会把他看作最顽固的敌人。

宗教的弊端与危害由来已久，很多人都看到了这一点，布鲁诺直言不讳地表达了自己的憎恨。这表现在他的各种著作和辩论中。布鲁诺认为：宗教混淆了人们的思想，阻碍了科学和哲学的发展，甚至危及人类的道德。毫无疑问，布鲁诺树敌太多，而且都是强大的敌人。

他严厉抨击路德（Martin Luther，1483—1546）和加尔文（John Calvin，1509—1564），说他们缺乏知识、没有思想、行为迂腐，他们为宗教所做的一切都是徒劳的，甚至还说他们愚蠢。而他们两个人一个是宗教领袖和宗教改革者，另一个是神学家和宗教改革者。

布鲁诺在很多场合都曾表达过自己对宗教的厌恶，他甚至建议把教会的财产收归国有，断绝其经济来源。他还建议剥夺僧侣的特权和关闭修道院，迫使他们回归社会，自食其力。在布鲁诺看来，这才是釜底抽薪的举措。

布鲁诺是多明尼克派的教士，虽然是教会中人，但极富反叛精神，在死守教条的教士们的心目中，他就是一个狂热分子。布鲁诺从哥白尼的系统向外推演，几乎否定了哥白尼的学说。接下来的理论就更加惊世骇俗，那就是他的无中心的无限宇宙论。他说，地球是宇宙中的一颗行星，太阳也只是众多恒星之一。他还说，人类也不是宇宙中唯一的智慧生命。

布鲁诺的主张与《圣经》中的主体思想发生了严重的冲突，或者更直接地说,他的叛逆思想与当时主流的意识形态格格不入。专制社会的意识形态高高在上,不可亵渎。所以,布鲁诺只有"死路一条"。几百年之后,他才得以平反昭雪。

正是通过布鲁诺等人的质疑和宣传,哥白尼的学说才日益深入人心。1616年,《天体运行论》被教会列为禁书。但思想的传播已经开始,是禁锢不住的。

三、辩证思考

按现在的观点看,布鲁诺一生充满了革命性。他是一个充满战斗精神的革命者。

历史对布鲁诺的评价非常高,说他是意大利文艺复兴时期伟大的思想家、自然科学家、哲学家和文学家。他支持哥白尼的"日心说",在此基础上发展了"宇宙无限"的思想,这都使他成为那个时代风口浪尖上的人物。

布鲁诺是近代科学兴起的先驱者,是一位为捍卫科学真理而献身的勇士,因此他曾经被广泛地树为一面具有感召力的旗帜。不过,人总是有不完善之处。今天,当我们回顾布鲁诺的人生及其在科学上的贡献时,我们应该多一些理智和冷静,这样才能更准确地理解人生,更客观地把握世界,更好地为社会做出贡献。

第七章
窥探宇宙奥秘：伽利略的故事

自古以来，能够看到千里之外一直是人类的梦想，所以我们才有了千里眼的神话和传说，人类的创造能力也由此得到提升，最终的发明就是望远镜。

通过望远镜，人类看到了一个与众不同的世界。而站在这个世界背后的最伟大的科学家就是伽利略。

一、光的性质与人类的幻想

虽然我们对望远镜再熟悉不过,但了解与望远镜有关的一些知识还是很有必要的。

不知道从什么时候起,人类就注意到了光的折射现象。相信人们都听过或见过这个例子:把一根筷子倾斜插入水中,在空气和水的界面处,我们看到的筷子是弯折的;把筷子取出,筷子却完好无损的。原来弯折的不是筷子,而是光。

下面要提到的这个例子多数读者也熟悉。早晨树叶上的露珠可以放大树叶的叶脉图案。其实,这两种现象都跟光的性质和传播媒介的折射率有关。

几乎每个人都知道光在空气中的直线传播现象,但如果媒介不是空气,而是一块玻璃,情况就会两样。当光束照射到一块凹面玻璃上,光线将继续沿直线传播,并不发生折射。如果玻璃表面向着光源均匀凸起,那么射在偏离曲面中心某处的光线,将会倾斜地进入玻璃,并向中心方向弯折。光的入射点离曲面的中心越远,就折射得越厉害。结果,射到曲面玻璃上的光就会聚焦到某个"焦点"或焦点附近。

明白了这个道理,你就能找到野外生火的简易方法,相传希腊科学家阿基米德就用类似的方法烧毁了围攻其故乡叙拉古的罗马舰队。这件事听起来很玄,但因为古罗马哲学家塞涅卡(Lucius Annaeus Seneca,约公元前 4—公元 65)在其著作中提到此事,它便成了著名的历史传说。

13 世纪时，英国哲学家和自然科学家罗杰·培根（Roger Bacon，约 1214—1293）从反射、折射、球面光差的角度对光的性质进行了深入研究，在此基础上制订了眼镜的制作方案，培根还建议人们戴上透镜以改善视力。

凹透镜的中央部分比边缘薄，它将有助于纠正近视；反之，凸透镜的中央比边缘厚，它有助于纠正远视。公元 1300 年前后，意大利就有了用凸透镜制作的眼镜，这种眼镜就是现在"老花镜"的祖先。而用凹透镜制作的眼镜有助于纠正近视。公元 1450 年前后，市场上开始出售近视眼镜。

16~17 世纪初，荷兰人特别善于制造透镜。造着造着，就有了一项新发现，这个偶然的发现就发生在荷兰阿姆斯特丹西南约 130 千米的米德尔堡市一位名叫汉斯·利帕希（Hans Lippershey，1570—1619）的眼镜制造商身上。有一天，学徒趁利帕希不在，通过摆弄透镜窥视周围风景，当他拿起两块透镜一近一远地放在眼前时，非常惊讶地看到远处教堂上的风标突然变得又近又大。这个本来是自娱自乐的动作却带来了意想不到的奇迹。那是在 1608 年。

利帕希马上意识到了这项发现的重要性，他找了一根金属管子，将透镜安装到管子里。他将这种装置叫作"窥器"，很多年后，英国诗人约翰·弥尔顿还在他的《失乐园》中，把这种仪器称为"光镜"。

望远镜的英文单词"telescope"源自希腊语中的 tele（意为"遥远"）和 skopein（意为"注视"），意思是说，通过它人们能看到遥远的物体。到 17 世纪中叶，"telescope"这一名称已经得到大家公认。

利帕希为自己制作的望远镜申请了专利，并将制作好的双筒望远镜奉献给了荷兰政府，随即被用于军事方面。那时候，荷兰为了赢得独立，已经与西班牙交战多年。有了望远镜，荷兰舰队如虎添翼。荷兰舰队早在敌人看见他们之前，就已经发现了敌人的船只，从而为自己赢得了主动权。

二、伽利略的望远镜

望远镜的发明使星象观测者坐在自家屋顶上就可以看到遥远的宇宙,坐观星河从此不再是神话和传说。17世纪初,为望远镜改进做出最大贡献的就是伽利略。

伽利略(Galileo Galilei,1564—1642)出身贵族,但家道中落,所以他未完成大学学业。不过他很聪明,不到30岁就成为大学教授。当时的意大利,大学教授待遇不高,据说伽利略经常出售他改良的科学仪器,这也使他有了一些额外收入。

对于他个人来说,这很重要;但对于社会来说,更加重要的是他对改良仪器的贡献,特别是对望远镜和时钟的改良。我们最熟悉的钟摆就是伽利略发明的。

1597年,天文学家开普勒给伽利略寄了一本书,书名是《神秘的宇宙》,那时候,伽利略在帕多瓦大学工作。该书思想驳杂,因为开普勒既承认哥白尼体系,又承袭毕达哥拉斯和柏拉图用数来解释宇宙构造的神秘主义理论。

伽利略本来也相信"日心说",承认地球有公转和自转两种运动,但在他的头脑中,对柏拉图正圆运动的印象实在是太深了,他认为,那是一种最自然、最完美的天体图像,又隐含着一种最深刻、最简洁的宇宙思想。伽利略大致翻了翻《神秘的宇宙》,就把它扔在了杂乱的书堆里,因为他对开普勒的行星椭圆轨道理论不怎么感兴趣。

1604年,地球人迎来了罕见的超新星爆发,其亮光在天空中竟持续了18个月之久。那一段时间,伽利略热衷于科普讲座,他先后在威尼斯做了几次科普讲座，他的讲座对宣传哥白尼理论起了很大推动作用。

演讲是伽利略的特长，他的讲座非常精彩，往往能调动听众的情绪，能抓住他们瞬间的兴趣所在，最终以思想取胜。据说听他讲座的人有时候多达1000人。

1609年6月，伽利略到威尼斯访问，听当地人说，荷兰有一位叫利帕希的眼镜商人制作了一种叫作望远镜的玩具，通过它能看到肉眼看不见的遥远物体，而且还能看到比真实物体大很多的图像。

当时，人们把这一消息传得神乎其神。有人把望远镜叫魔镜，也有人叫幻镜。这个东西听起来很新奇，看起来很好玩。最初玩出望远镜雏形的那个学徒也许没有往深处想，只是非常兴奋地告诉别人，他那个东西多么有意思。很多人慕名而来，把这个东西买回去当作玩具。远在意大利的伽利略只是听说，并没有看到荷兰眼镜商制造的那个玩具，但他听说这个东西由两个镜片和一个镜管组成。

伽利略对此消息很敏感，他立即找来纸和鹅管笔，画了一张又一张草图，希望能从纸上找到透镜成像的线索。伽利略又找到了一个类似镜管的东西，开始模拟和比划，三比划、两比划，他突然意识到，除了选择合适的凸透镜和凹透镜，它们之间的距离也是一个重要因素。

受此启发，伽利略开始搭配和组装，他使用的材料是风琴管、一片凸透镜和一片凹透镜，一天之内就用这几样东西组装好了他的第一架望远镜，放大倍率为3。他将组装好的望远镜对准了远处的物体，这时候，奇迹终于出现了，原来模糊不清的遥远物体看得很清楚。具体操作也很简单，伽利略将凹透镜安装在靠近眼睛的一端，我们把它叫"目镜"，将凸透镜安装在靠近被观测物体的一端，这就是所谓的"物镜"。

稍后不久，伽利略又组装了一架望远镜，这次，他把放大倍率提高到了9。伽利略非常兴奋，因为他似乎找到了望远镜的巨大应用价值，也隐约看到了自己未来的人生之路。这一次，伽利略小心翼翼地把一片大一点的凸透镜安在镜管的一端，把一片小一点的凹透镜安在

94　天文的故事

伽利略和他的望远镜

镜管的另一端，然后把管子对着窗外。当他从凹透镜的一端望去时，远处的教堂仿佛近在眼前，他非常清晰地看见了教堂钟楼上的十字架，甚至连一只在十字架上落脚的鸽子也看得非常清楚。

有一天，伽利略邀请威尼斯参议员到塔楼顶层参观望远镜。参议员通过望远镜看到了远处的建筑景观，甚至连窗户上的图案都能看到。参议员非常吃惊，回去给参议院的议员们说了这件事。一时间，帕多瓦的老百姓都知道了这件事，观者无不惊喜万分。

伽利略很快就成为帕多瓦大学的终身教授，付出终于得到回报。对于出身贫寒、没有背景的伽利略来说，这是立足社会的重要支撑，也是身份和地位的具体象征。看到自己小试牛刀就收获颇丰，伽利略兴奋不已。他后来不断改进自己的望远镜，从每一个细节着手：首先是磨制镜片，磨制镜片是一项费时、费力的技术活，很多天之后，他终于磨制出了合适的凸透镜和凹透镜；然后又制作了一个镜管。

伽利略望远镜的放大率已经提高到了30倍以上。这是人间真正的千里眼，有了它，看到千里之外不再是一个梦想。

三、窥探宇宙奥秘

在一个晴朗的夜晚，透过灿烂星光，伽利略把望远镜瞄准深邃悠远的苍穹。虽然夜晚很冷，但他已经顾不了那么多。他像古代夜观星象的那些人一样，在宇宙深处一遍遍地搜索着。只要是望远镜能观测到的地方，他都不会放过，不看不知道，一看吓一跳。因为他通过望远镜发现了许多新的天象。

1609年11月30日，那个纯净的夜晚，伽利略看到了月球高低不平的表面，他发现了月亮上高峻的山脉和低凹的洼地，他当时把那些凹地叫作"海"。看来，月亮和我们脚下的地球一样，也是一块真实的土地啊。月球上的地形既在人们的感觉之中，又在人们的想象之外。这一发现使伽利略欣喜若狂。

很多年前，人们一直以为月亮是个光滑的天体，像太阳一样能够发光。但伽利略从月亮明暗交替的移动中受到启发，得出"月亮自身并不能发光，月光由反射太阳光而来"的结论。在仔细观测的基础上，他绘制了第一幅月面图。为月球绘图，在那个时代真的是连想都不敢想啊。

伽利略接着把望远镜对准横贯天穹的银河，即夜空中那些白雾一样的光带。结果让他大吃一惊，那些雾蒙蒙的光带却是数以万计、聚集在一起的星星。原来亚里士多德一直认为的"银河是地球上的水蒸气凝成的白雾"的说法是错误的。

通过望远镜这个宇宙视窗，他告诉人们，银河是由无数恒星组成的星河。这些发现迎来了观测天文学的新时代，也拓展了天文学研究的新领域。

1610年1月7日，伽利略把望远镜对准了木星和它的卫星，他所看到的木星体系，就像是太阳系的一个缩影。受此启发，他想到了地球与月亮的关系。伽利略还发现了土星光环、太阳自转和水星的盈亏现象。这一年3月，伽利略发表了《星空信使》，书中除描述光辉灿烂、内容真实的浩瀚星空，还介绍了他制作望远镜的艰难历程。书一出版就震撼了欧洲大陆。随后他又发现了金星盈亏与大小变化，这些发现对于哥白尼的日心理论来说，是一个强有力的支持。

很多年后，伽利略在回顾在帕多瓦的18年（1592—1610）生活时，认为这是他一生所做工作最多、精神最舒畅的时期。他一生的很多学术成就是在这期间取得的。在帕多瓦的18年，伽利略在物理学和天文学研究方面取得了丰硕成果，但他还有更高的追求，在学术上还有更大的企盼。这时候的伽利略明显感到了时间危机，为了能有充裕时间致力于科学研究，他在《星空信使》出版后即辞去了帕多瓦大学的终身教授职务，接受托斯卡纳大公国的聘请，担任宫廷首席数学家和哲学家,同时担任比萨大学的首席数学教授。

不过,此时伽利略有成就、有身份、有地位,经济方面更不是问题。获得这样的待遇也合情合理。但伽利略也有麻烦事,那就是教会对科学的干预。伽利略关于已知宇宙的观点始终得不到教会的理解和支持,不理解、不支持倒也罢了,要命的是教会不打算放过他。

四、从与教会周旋到平反昭雪

伽利略善言辞、广交游、好辩论。他多次去罗马,希望教会不要管得太多,特别是关于他的天文观测和对结果的解释。

1611年,伽利略来到罗马,目的很简单,就是希望为他的天文学研究找到知音。这种知音不是来自普通民众,而是来自宗教界、政界和学术界。如果能赢得这些领域精英的认可和支持,往后的日子就不愁了。对于他来说,更加重要的是来自宗教界的支持。

伽利略这一趟没有白跑,事实上,他的游说小有收获。在罗马,他受到了教皇保罗五世(1605—1621年在位)的热情接待,很多宗教界的上层人物对他也很友好,包括一些高级主教。神父们承认他的观测事实,只是不同意他的解释。

1611年5月,罗马宗教界承认了伽利略的天文学成就。稍后不久,他观测到了太阳黑子的变化,在比较了其运动规律和圆运动的投影原理后,他认为,太阳黑子位于太阳表面。

但好景不长,1615年,几个心怀叵测的教会中人攻击伽利略,说他为维护哥白尼学说而违反了宗教教义。一时间给伽利略造成了很大压力,他闻讯后赶紧来到罗马,企望教廷不要因为自己维护哥白尼观点而受到惩处,也希望教廷不要压制他对哥白尼学说的宣传。

第一个目的基本达到,第二个希望却落空了。不久之后,教皇保罗五世下达了禁令(即著名的"1616年禁令"),禁止他以口头的或文字的形式坚持、传授或捍卫"日心说"。

伽利略是一个有思想、有愿景且有强烈诉说要求的人。教会所不能容忍的恰好就是这一点。所以,他的日子并不好过。1624年,伽利略再一次来到罗马,希望新任教皇乌尔班八世(1623—1644年在位)能够同情并理解他,因为他的意愿也只是维护新兴科学的生机,教皇却不这么认为,在他看来,伽利略的思想确实有些异端,因为它跟宗教教义格格不入。伽利略对教皇说,"日心说"和基督教教义是相协调的,因为《圣经》只教人"如何进入天国,而不涉及天体如何运转"。

伽利略苦口婆心,但乌尔班八世丝毫不为所动,虽然他和伽利略交情不浅。最后,教皇只允许他写一本书,同时介绍"日心说"和"地心说",还要求他在两种学说前保持中立态度,在学术上只能以数学假设的形式出现。

这就是伽利略后来写作《关于托勒密和哥白尼两大世界体系的对话》(简称《对话》)的历史背景,这本书断断续续写了6年。1630年,伽利略取得了《对话》的"出版许可证"。

伽利略文采不错,全书笔调诙谐、语言流畅,1632年出版后引起很大反响,成为意大利文学史上的名著。在写作过程中,伽利略表面上保持了一种中立态度,实际上处处为哥白尼体系辩护,在学术方面,伽利略也远远超出了仅以数学假设进行讨论的范畴。这还不说,《对话》保持了作者一贯的夹叙夹议的风格,把以往做科普演讲时的煽情情绪也渗透其中,并时不时地用一种隐晦的语言对教皇和主教进行冷嘲热讽。想必教皇和主教也都是有知识有文化的人,甚至还很聪明,能看不出这一点?

1632年,《对话》中以三个假想人物(两个支持他的朋友:沙格列陀和萨尔维阿蒂,一个亚里士多德观点的支持者:辛普利邱)之间对话的形式阐述了他的宇宙思想,书中对托勒密极尽讽刺与挖苦,对哥白尼充满了赞誉。伽利略心里当然清楚,对亚里士多德和托勒密的诋毁就意味着对上帝的不恭。

《对话》一书不是用拉丁文而是用意大利文写成的，因此，就有更多的人能够看懂。17世纪时，拉丁文既是古老的语言，又是尊贵的语言。在当时，运用意大利文写作就是迎合大众化要求、平民化趋势和对未来的期盼。

伽利略交往广泛，能言善辩，词锋锐利。像他这样的人，朋友多、敌人也多，一不小心就会惹出很大的麻烦。《对话》的出版无疑引起了强烈反响，但也成为思想异端的罪证。其实，早在十几年前，教会在查禁哥白尼的《天体运行论》时，就已经警告世人，要严守传统思想，不要越雷池半步。

伽利略锋芒太露，教会早就知道。不过，那时候，意大利的政治空气已经比布鲁诺活着时好多了。书出版后不久，罗马教廷便意识到问题的严重性，随即勒令停止出售此书，因为伽利略在书中公然违背"1616年禁令"，书中的思想倾向出现了严重问题，亟待审查。教廷很快就达成一致意见：纵容伽利略就是为虎作伥，就会有更多的异端思想出现。有人在教皇乌尔班八世面前告状，说伽利略在书中把教皇比作头脑简单、思想守旧的辛普利邱（亚里士多德观点的支持者）。挑拨确实起到了作用，教皇非常生气。

虽然教皇跟伽利略有些私交，但在原则问题上，他不会轻易退让半步。教皇下令查禁了《对话》，还逼迫伽利略写了保证书，从此不再主张"地动说"。同时，他不得不将伽利略交给了宗教裁判所。1632年秋天，教皇命令伽利略到罗马宗教裁判所接受审判。这年冬天，伽利略前往罗马，这时候的伽利略已年近七旬，又体弱多病。审讯时根本没有他申辩的余地。1633年6月22日，在圣玛丽亚修女院的大厅，几名枢机主教联席宣判了伽利略，其主要罪名是违背"1616年禁令"和《圣经》教义。主审官宣布判处伽利略终身监禁，禁止《对话》流传，不准再出版伽利略的其他著作，最后，伽利略不得不跪在冰冷的石板地上，在教廷已写好的"悔过书"上签字。

伽利略不仅是虔诚的天主教徒，更是一位富有探索精神的科学家，他深信科学家的主要目的是探索自然规律,而教会的职能是引导人们的灵魂归属,两者并不矛盾。宗教裁判所随后又将终身监禁改为在家软禁,但禁止他在家会客,每天书写的材料必须上交。后来,伽利略慢慢从这一打击中恢复过来,开始研究一些无涉宗教的数学和物理学问题。

几年之后,伽利略写成了一本关于弹性力学和动力学方面的书(《关于两门新科学的谈话和数学证明》),因为教会禁止出版他的任何著作,只好托一位朋友将其秘密携带出国,于1638年在荷兰莱顿出版。那时候,世界的多姿色彩在他面前已经黯然失色。

1637年,伽利略双目失明。教会的管制也不再那么严厉。在这期间,托斯卡纳大公斐迪南二世(Ferdinando Ⅱ de Medici,1610—1670)、英国著名诗人、政论家弥尔顿(John Milton,1608—1674),法国科学家、哲学家伽桑迪(Pierre Gassendi,1592—1655)等看望了他。他和身边的一些人讨论过如何应用摆的等时性设计机械钟,还研究过碰撞理论。

1642年1月8日,伽利略病逝,因为涉及一个时代的敏感人物和敏感话题,教廷对伽利略的逝世进行了冷处理。伽利略似乎是默默无闻地从地球上消失。到了18世纪,教廷才准许其遗骨迁回家乡的大教堂。

1757年,罗马教廷宣布解除对哥白尼《天体运行论》的禁令,这个有些迫不得已的决定只是解决历史遗留问题的一个开端。

又过了100多年,到1882年,罗马教皇终于承认了日心学说。又过了将近一个世纪,1979年11月10日,梵蒂冈教皇保罗二世(Saint Joho Paul Ⅱ,1920—2005)代表罗马教廷为伽利略公开平反昭雪,认为教廷在300多年前迫害他是个严重错误。

五、打开近代天文学的大门

望远镜的发明是天文学研究中具有划时代意义的事件,它意味着几千年来天象观测家们仅靠肉眼观察日月星辰时代的结束,取而代之的是不断改进的光学望远镜,它能看到千里之外,正是望远镜的发明打开了近代天文学的大门。

望远镜并不是伽利略的发明,但他首先用它来观察天体。他用大量事实证明地球环绕着太阳运动,从而否定了地心学说。在伽利略那个时代,把望远镜对准天空有冒犯上帝的意思。小心谨慎的人都不敢这么做。正是在望远镜里,伽利略看到了月亮上的坑洞和环形山,看到了木星的四颗卫星,看到了金星的盈亏现象,还看到了太阳的黑子,等等。

伽利略的观察结果动摇了两个人长期以来形成的思想信念和理论根基。一个是亚里士多德,另一个是托勒密。更重要的是,他的观察结果动摇了天主教长期以来在人们心中植入的神圣信仰。亚里士多德的宇宙观念是错误的,托勒密的天体模型虽然精致,但其根基是靠不住的。伽利略通过他的观察支持了哥白尼的学说。

后人为了纪念伽利略的丰功伟绩,把木星的四颗卫星(木卫一、木卫二、木卫三和木卫四)叫作伽利略卫星,以表达珍藏心底的敬重。有一个传颂很久的说法,是"哥伦布发现了新大陆,伽利略发现了新宇宙"。

伽利略著述颇丰,主要著作有《星际使者》《关于太阳黑子的书信》《关于托勒密和哥白尼两大世界体系的对话》《关于两门新科学的谈话和数学证明》。

伽利略不是一般的科学家，用科学巨匠来形容他都不过分。他是意大利物理学家、天文学家和哲学家，还是近代实验科学的先驱者。他对现代科学思想的发展和人类的思想解放做出了巨大贡献。

在科学发展史上，伽利略是一位历史性人物。著名物理学家、相对论创始人爱因斯坦对伽利略的评价非常高，他曾说："纯粹的逻辑思维不能使我们得到有关经验世界的任何知识，所有真实的知识都从经验开始，又归结于经验。伽利略无疑清楚这一点，他的所有工作使他成为近代物理学之父，甚至还是整个近代科学之父。"

第八章
第谷·布拉赫：站在"地心说"与"日心说"之间

第谷是一位非常优秀的天文观测家，但在天文理论上有些因循守旧。他很清楚哥白尼学说的优点，还赞美"日心说"模型是优美的几何构造，但他不赞成地球运动的观念。

细心的第谷自始至终都没有观测到恒星的视差，这可能有两种解释：一种是地球不动；另一种是恒星太过遥远。第谷宁愿相信第一种可能性。此外，第谷对托勒密体系也颇多疑问。

一、教育背景

1546年12月14日,天文学家和占星学家第谷·布拉赫(Tycho Brahe,1546—1601)生于丹麦斯坎尼亚省基乌德斯特普的一个贵族家庭。他父亲想把他培养成兴趣广泛和学养深厚的绅士,以便使他进入有教养的上流社会中。

1559年,第谷进入哥本哈根大学读书。那时候,他才13岁,第谷在那里攻读了文科的所有7种科目——三艺(语法、修辞和逻辑)和四艺(几何、天文、算术和音乐)。他吸收了亚里士多德的思想,对托勒密的宇宙体系有了进一步的了解。

当时的大学课程表中还没有独立的天文学课程,大学期间,第谷读的是占星学,那是一门天文学和医学的交叉学科。这或许正好培养了第谷的好奇心和对天文观测的热情。

二、天文观测

1560年8月,第谷根据预报观测到一次日食,这使他对天文学产生了浓厚兴趣。1562年,转学到德国莱比锡大学学习法律,学习之余,他唯一的爱好就是研究天文学。

1563 年，第谷观测到了天空中的一个奇观——木星和土星重合在了一起，并记录下来。星历表中预言过两星的重合，然而实际重合时间却提前了 30 天。这使第谷意识到，手中的星历表有些陈旧。编制更精确的星历表已经刻不容缓，而这需要做长期系统的观测。1566 年，第谷到德国罗斯托克大学攻读天文学，并开始周游欧洲各国。从这时起，天文研究成为他毕生的追求。

1572 年 11 月，已回到丹麦的第谷用自己制造的仪器对仙后座进行了一系列观测，发现仙后座有一颗新的明亮恒星，他连续观察了 16 个月，直到 1574 年 3 月，这颗恒星变暗并最终消失。前后一年多的详细观察和记载为他的天文思想的形成奠定了坚实的基础，他不再相信亚里士多德关于天体不变的学说。

此后，他接受了到哥本哈根和德国讲课的邀请。在瑞士旅行时，他陶醉于那里的自然山水，曾考虑定居瑞士。就在这时，从丹麦传来了好消息，丹麦国王腓特烈二世将汶岛赐予他作为新天文台台址，并答应给他一笔生活费。这是一种更优厚的待遇，对专注于天文研究的第谷来说，有了这样的条件就等于没有了后顾之忧。于是，第谷在丹麦与瑞典间的汶岛建立了一座天文台，他将其称为"观天堡"，那是 1576 年。

"观天堡"不仅规模大，也是欧洲最早的天文台之一，仅观象台就有四个，此外还有图书馆和实验室，甚至还有一个印刷厂，所配仪器也是当时最先进的。它的建设在很多方面都仿照了当时阿拉伯和欧洲的其他天文台（如在伊斯坦布尔的天文台）。第谷在这里工作了 20 余年，这一时期，他取得了一系列重要成果，包括创制了大量的先进天文仪器。1577 年，他对两颗明亮彗星做了观察。通过观察，他得出了彗星比月亮远许多倍的结论，这一重要结论使人们对天文现象有了更深的认识。

1599 年，丹麦国王腓特烈二世去世，第谷在波希米亚皇帝鲁道夫二世的帮助下，移居布拉格，在那里建立了新的天文台。1600 年，第谷邀请开普勒作为自己的助手。第二年，第谷逝世，开普勒接替了他的工作，并继承了他的宫廷数学家的职务。后来的事实证明，第谷确实选了一位好接班人。

第谷留下了大量极为精确的天文观测资料，这些资料为开普勒的天文研究工作创造了条件。1627 年，开普勒出版了《鲁道夫星表》（*Rudolphine Tables*），星表之精确在当时无人能及。《鲁道夫星表》的出版也是对第谷最好的纪念。

第谷是近代天文学的重要奠基人，是一位杰出的天文观测家。他所做的观测精度之高，同时代无人能比。第谷曾编制了一部恒星表，直到今天，这部恒星表还有使用价值。

在观测天象的同时，第谷还利用占星术给人算命，这是早期天文学家的普遍爱好。那时候，从事占星术比研究天文学更有利可图，因此也更能吸引受众的目光。第谷很清楚，占星术带有骗人的性质，但为了世俗利益，他也就睁一只眼闭一只眼了。

第谷一生取得多项观测成就，包括对恒星和彗星的观测。第谷所做的观测非常谨慎而有规律，他的观察对积累天文现象的贡献比以往任何人都大。第谷所用的仪器都很简单，但已经是当时最好的了。为了使结果更准确，他往往重复观测，对结果进行综合分析，使由于仪器不完善而造成的误差降到最低。

三、徘徊在"地心说"和"日心说"之间

第谷的宇宙观有些奇怪。他既认为所有行星都绕太阳运动，又认为太阳率领众行星绕地球运动。1583 年，第谷在出版的《论彗星》一书中，提出了这种介于"地心说"与"日心说"之间的理论。他认为，地球静止不动，太阳围绕地球做圆周运动，而除地球之外的其他行星

围绕太阳做圆周运动。

一方面,他过于拘泥于亚里士多德的物理学及其宇宙模型,相信地球位于宇宙中心静止不动;另一方面,他也对哥白尼半信半疑,他曾说,"如果地球确实是转动的,那么一枚向地球转动方向发射的炮弹将比向相反方向发射的炮弹射得更远"。因此,当他看到了"日心说"是如何简化了宇宙图时,他用自己的简单方法设计出了自己的一套体系。

在这个体系中,他将地球放在了宇宙的中心且静止不动,太阳不断地绕地球转动,所不同的是,其他行星则随着环绕地球转动的太阳而在太阳周围转动。这既不是托勒密的模型,又不是哥白尼的模型。其实,第谷这个好玩的宇宙模型的出世,其根本原因是他的天文观测既证明了旧的托勒密地心说的不当,又没有足够的证据证明新的哥白尼"日心说"的正确。

第九章

开普勒：为天空立法

你是否还记得，哥白尼的宇宙体系坚守的是一种正圆运动观念，这种思想要追溯到希腊古典时期。同时，哥白尼继续沿着本轮—均轮组合思想构造自己的宇宙模型，因为只有这样，才能与观测现象吻合。

开普勒的伟大之处在于他彻底抛弃了正圆运动的概念，开阔了自然天体研究的视野。

一、让思想得到沉淀

约翰内斯·开普勒（Johannes Kepler，1571—1630）是德国天文学家和数学家。

1571年12月27日，开普勒出生在德国南部的威尔德斯达特镇，中学毕业后，就读于杜宾根大学，杜宾根大学其实是一所神学院。1588年9月25日，开普勒获得文学学士学位。三年后又通过了文学硕士学位考试。毕业后开普勒想当一名路德教的牧师，所以又留在学校继续学习神学。

1. 接受新说

那时候，虽然哥白尼理论已经公布于世，但教会禁止传播，大多数科学家也不接受这一学说。杜宾根大学的天文学教授米海尔·麦斯特林（Mihal Mcstelin，1550—1631）是个例外，他坚信哥白尼是正确的。他在公开教学中讲授托勒密体系，暗地里却对一些学生宣传哥白尼体系。他称哥白尼是一位才华横溢的思想家。

开普勒从麦斯特林那里接受了哥白尼学说后，就成为新学说的热烈拥护者。在麦斯特林的影响下，开普勒开始研究天文学，在他深入这一领域后，才发现旧宇宙理论的许多错误。对哥白尼理论由信任到热爱，还经常与同学们辩论，在辩论中培养了对天文学和数学的浓厚兴趣。

开普勒能言善辩，喜欢在各种集会上发表见解。树大招风，开普勒的言行很快引起学校教会的警惕，因为开普勒的思想实在有些出格。

当时的情况是，学院毕业的学生都去了教会，开普勒却未能如愿。万般无奈之下，开普勒移居奥地利，在老师麦斯特林的引荐和帮助下，在格拉茨高等学校谋得了一个职位，担任数学和天文学讲师，教学之余，协助编制《占星历书》。

在那个年代，《占星历书》特别盛行，但开普勒不信这一套。在开普勒心目中，占星术就是一门伪科学，他根本不相信天上那些星辰的运行和地上万物生息及人类的祸福命运有什么瓜葛。但他又不得不这么做，纯粹是为了能生存下去。他私下曾不无幽默地对朋友说："作为女儿的占星术若不为天文学母亲挣面包，母亲便要挨饿了。"

2. 寻找宇宙的神秘与和谐

开普勒早期的天文学思想体现了宇宙的神秘与和谐。这符合许多人对宇宙的认识，包括罗马皇帝。1596 年，开普勒发表了平生第一本著作《宇宙的神秘》，这是一本关于宇宙论方面的著作。开普勒在书中明确主张哥白尼体系，同时也承袭了毕达哥拉斯和柏拉图用数来解释宇宙构造的理论。

开普勒在书的序言中说："当我证明上帝在创造宇宙和调节宇宙的次序时，看到了从毕达哥拉斯和柏拉图时代起就为人们所熟知的五种正多面体，上帝按照这样的形体安排了天体的数目、比例及它们运动间的关系。"

土星、木星、火星、地球、金星和水星都是我们熟悉的行星。开普勒认为，这 6 颗行星的轨道正好在 6 个球的球面上，它们大小不等，相互间依次套切出 5 个正多面体，分别是正四面体、正六面体、正八面体、正十二面体和正二十面体，太阳居于中心位置。今天看来，这种假设当然不合理，却展现了一种探索宇宙构造的思路。开普勒把这本书寄给了一些科学名人，其中就包括丹麦天文学家第谷。第谷虽然不同意书中的"日心说"，却十分佩服开普勒的数学知识和创造才能。

哪个行星运动学说（"日心说"、"地心说"及第谷本人提出的第三种学说）更可靠？这是开普勒必须回答的问题，而切入点就是对第谷记录做仔细的数学分析。这样，首要任务就是编制一张行星运行表，它应该与第谷观测记录中几千个数据相协调。

3. 接受第谷的邀请

1598年，奥地利暴发宗教冲突。开普勒被迫离开奥地利，逃到匈牙利。不久，他接到了第谷的邀请，去布拉格协助第谷整理观测资料和编制新星表。对于进退两难的开普勒来说，第谷的邀请就是雪中送炭。

坐落在布拉格郊外的天文台是第谷创造世界的重要驿站，也是他演绎生命的重要驿站。他当时是神圣罗马帝国的皇家数学家，属于有身份、有地位、待遇也不错的那个知识群体。第谷观测的准确和仔细至少是前无古人。在孕育自己的天体系统时，第谷好像走了一条中庸路线，他把托勒密体系和哥白尼体系进行了适当修整，提出了自己的宇宙理论。他认为，行星绕太阳旋转，太阳又率群星围绕地球运行。

开普勒欣然接受了第谷的邀请。1600年1月，他携家眷来到布拉格，成为第谷的助手。这两个人，一个徘徊在"日心说"和"地心说"之间，另一个是哥白尼体系的衷心拥护者。不过也正是这种戏剧般的搭配，成就了天文学史上的一段佳话。

这一年，开普勒出版了一本书，书名叫《梦游》，这可以说是一部带着幻想性质的作品，开普勒在书中描述了人类与月亮人的交往。书中提到的许多事情都不可思议，像喷气推进、零重力状态、轨道惯性、宁宙服等。这些词汇放在今天也属于尖端科学领域。开普勒的这本书属于科幻作品范畴，古希腊神话中的有关内容为开普勒的《梦游》提供了某些背景知识。

开普勒给第谷留下了非常美好的印象，受第谷引荐，罗马皇帝鲁道夫稍后委任他为皇家御用数学家，开普勒自然而然成为第谷的接班人。那一段时间，开普勒快乐无忧，因为他不再为生活奔波，不再为经济发愁，终于可以专心致志地从事天文学研究。

只是这样的好日子太短暂，1601年，第谷去世。这位最伟大的天文观测家把他毕生积累的大量精确的观测资料全部留给了开普勒。弥留之际，第谷告诫开普勒："一定要尊重观测事实！"

第谷是望远镜发明以前最后一位伟大的天文学家，也是当时世界上观测最仔细、记录最准确的天文学家。第谷给开普勒留下了丰富的天文观测记录，毫无疑问，他的观测记录具有重大价值。

开普勒不仅继承了第谷的职位，更继承了第谷多年来的大量观测资料。作为第谷的接班人，他认真研究了第谷多年来对行星进行仔细观察所做的大量记录。他坚信，第谷的天文观测记录中包含着许多重要信息。

4. 在迷茫中探索

开普勒认为，在对第谷的记录做仔细的数学分析后可以确定哪个行星运动学说更可靠。这些学说包括哥白尼的"日心说"、托勒密的"地心说"及第谷本人提出的第三种学说。他的首要任务是编制一张同第谷观测记录中几千个数据相协调的行星运行表。

第谷的观测记录让开普勒大感意外，他发现自己心目中的宇宙模型在第谷的观测数据面前竟然是错的，制订行星运行表时也毫无用处。这意味着自己曾经认为是杰作的这个模型面临着被摒弃的命运。

后来，他又着手进行计算。计算结果表明，第谷的观察与以上三种学说（哥白尼的"日心说"、托勒密的"地心说"和第谷自己提出的见解）都不符合，开普勒一度灰心丧气。但这可是一个不得不面对的问题，经过全面考察他发现，不论是哥白尼体系、托勒密体系、第谷体系，还是自己曾经提出的宇宙模型，没有一个能与第谷的观测数据相吻合。对于科学家来说，攻克难题就是超越自己的最好理由。迷茫之际，开普勒决心寻找理论与观测不一致的原因，进而为宇宙间的行星运动立约。

除天文学研究外，开普勒也讲授数学，还有一个重要任务，那就是占星算命。1601年，开普勒出版了《天文学更可靠的基础》，在这本著作中，他对占星术提出了质疑，他不同意当时社会上流行的一种观点，即星体位置及变化决定人的命运。虽然他在某种程度上也是一位占星学家。开普勒曾说："如果星相家有时讲对了，那应归功于运气。"

后来，开普勒去世后，人们在他的遗稿中发现了 800 多张占星图。

开普勒整理了第谷的遗作，1602 年，出版了第谷的《新天文学》六卷，一年后，印行了第谷的《释彗星》。与此同时，他也深入思考天体运行所遵循的规律。

1604 年 9 月 30 日，开普勒在巨蛇星座附近发现了一颗新星，今天我们知道，那是银河系内的一颗超新星。超新星是宇宙中的常客。超新星是推动元素演化的重要力量，在元素的宇宙平衡布局中起重要作用，超新星大爆炸或许就意味着元素的诞生或消亡。

据说开普勒视力不佳，但他仍然持续观测了一年多。他将观测结果记录在了《巨蛇座底部的新星》一书中。1607 年，这本书得以出版。开普勒观测结果的重要意义就在于，它打破了星座无变化的传统说法。还是在这一年，开普勒观测到了一颗大彗星，这就是后来人们所熟知的哈雷彗星。

二、巧夺天工

当科学技术不发达时，了解宇宙的真实面貌只能是一个奢侈的梦想。在哥白尼以前，天文学家能够直接观测到的只是行星在恒星天球上垂直于视线方向的位移，而不是它们在空间的"真实"运动。

1. 深入其中

伽利略用望远镜所做的观测为哥白尼理论体系的形成提供了很多证据，使其更加令人信服，那些观测毕竟还是间接的，只有定性的意义。哥白尼体系还有待于做进一步论证，以探求和考证行星的"真实轨道"，这些工作天然地落在了开普勒身上。

哥白尼的宇宙体系有一定缺陷，因为他的日心体系还残留着托勒密体系的若干成分，也没有完全摆脱经院哲学思想的束缚，在哥白尼看来，天体只是做着简单的匀速圆周运动。

实际天体并非如此，这曾令哥白尼十分不安。为了解释行星运行中存在较小的不均匀性，哥白尼保留了托勒密宇宙模型中的一部分本轮和偏心圆。这种设计本身就有一些牵强附会的性质，被否定或被推翻是迟早的事情。

数学是贯穿开普勒一生的最爱。他十分重视数的作用，他相信，纷纭复杂的自然界中一定蕴藏着数学的秘密。数学家的使命就是寻找其中的规律性，在那个数量决定一切的世界里，一定体现着宇宙间至上的和谐。古希腊学者就有此见解。在他们看来，越接近自然就意味着越趋向于和谐。

开普勒信奉哥白尼学说，也是基于此道理。日心体系在数学上显得更简单和更和谐，这是它打动开普勒的关键之处。"日心说"所代表的那份真实潜藏在灵魂深处，它一定会以自己独特的美学形式影响广大信徒和受众。开普勒继承了哥白尼学说的衣钵后，就专心致志地探求隐藏在行星中的数量关系。他深信，上帝在创造这个世界时，遵循着完美的数学原则。

开普勒认为需要解决两个问题才能完成自己的创新。第一个问题是采用什么方法测定行星的运动，进而确定其运动轨迹；第二个问题是创造一个数学模型，为这些运动中的行星建立共同遵守的运动定律。

"脚踏实地"才能让人觉得不虚此行。有一种说法——"要研究天，最好先懂得地"，开普勒也把着眼点放在地球上，力图弄清地球本身的运动，然后再研究行星的运动。

在当时的条件下，"地心说"和"日心说"都有市场，两种学说还有共同点，即都认为行星做匀速圆周运动。但按匀速圆周运动去处理，结果并不理想。开普勒发现，对于火星轨道来说，按照哥白尼、托勒密和第谷提供的三种不同方法，都不能推算出同第谷的实际观测相吻合的结果。这让开普勒感到很为难。

自古希腊以来，圆形轨道就是人类内心普遍的遵守。但开普勒无法找到一个符合第谷观测数据的圆形轨道。问题在于，行星运行的轨道真的像哥白尼和所有经典天文学家的流行理论所假设的那样，是由圆或复合圆组成的吗？

2. 豁然开朗

有一段时间，开普勒百思不得其解。迷茫过后，他开始摒弃这种古老的、曾带给人类无限希望的匀速圆周运动，尝试用别的几何曲线来表示所观测到的行星运动。想到了这一层，开普勒思想的天空如拨云见日。他突然醒悟，行星轨道有可能不是圆形的。

开普勒认为，行星运动的焦点应该在太阳的中心，它是人们感觉中引力的源头。开普勒以火星运动作为研究对象。他认为，火星运动的速度随其位置而不同，其速度与它跟太阳之间的距离有关，即在其运动轨道上，火星离太阳越近，速度越快；离太阳越远，速度越慢。这就是我们今天常说的近日点和远日点。在开普勒的天文体系中，这两个点非常重要。

数学和物理知识的支撑非常重要。开普勒通过计算指出，在火星的运动轨道上，不论其速度（线速度）最快还是最慢，其内径（即坐标系中原点到某一点的矢量）围绕太阳在一天内所扫过的面积相等。这就是行星运动的面积等时性原则。后来，他将此原则推广到轨道上所有的点，得出一个重要推论，即行星在相同的时间扫过相同的面积。

三、为天空立法

1. 椭圆运动

开普勒想到了椭圆。椭圆也是常见的几何图形。从木工师傅那里，我们知道了它的画法，即在木板上先定出两个点，在这两个点所在的位置钉上钉子，取一段定长而无伸缩的线，把它的两端固定在钉子上，用铅笔套在里面，然后把线拉紧，慢慢移动铅笔，这样画出来的曲线便是一个椭圆。

这个画法告诉我们，椭圆上的任何一点到两个定点的距离之和保持不变。它的数学定义是：若平面上动点到两个定点的距离之和是常量，动点的轨迹就是椭圆。两个定点叫作椭圆的焦点，焦点之间的距离叫作焦距。

再稍稍深入一些，椭圆的变化情形可用偏心率 e 来表示。椭圆的偏心率是它的焦距 c（半焦距）与它的长径 a（半长径）的比率，e 通常表示如下：

$$e = c/a$$

这里做一个简单说明，椭圆上任意一点到两个焦点 F_1、F_2 距离的和为 $2a$，F_1、F_2 之间的距离为 $2c$。从中不难看出，焦距越大，椭圆的偏心率（e 值）越接近于 1，椭圆的形状越扁；反之，焦距越小，椭圆的偏心率（e 值）越接近于零，椭圆的形状越接近于圆；当焦距为零，即偏心率 $e=0$ 时，椭圆也就转化为圆了。从这个意义上说，可以把圆看作椭圆的一种特殊情形，即两个焦点重合的椭圆。

不再纠缠几何的枯燥，让我们回到天文学上来。太阳系各个行星运动的轨道是一个椭圆，只是它们的偏心率很小，这意味着它们与圆形只有微小的差异。所以，行星运行轨道可以近似地看作圆形，太阳基本位于轨道的中心。这便是当年让开普勒绞尽脑汁的事情。

几何学的重要性在此体现得非常清楚，它使我们对宇宙天体的探索成为可能。如果没有古希腊人对圆锥曲线（所谓圆锥曲线就是平面截割圆锥所形成的曲线）的研究，这些定律也许不可能被发现。我们要感谢"希腊化"时期的阿波罗尼，他在 2000 多年前首次对圆锥曲线进行了开创性和富有成果的研究。

由于椭圆是圆锥曲线的一种，它的形状使开普勒茅塞顿开。他由此想到，火星可能在这样一种曲线所围成的轨道上运动。在这里，开普勒借用了古代几何学家对圆锥曲线的研究而得来的许多性质，解决了一个困扰他很久的问题，他相信自己所做的假设，并将此推广到所有行星。

2. 提出行星运动三大定律

1609年，开普勒出版了一本书，书名叫作《新天文学》，几乎与此同时，还发表了一篇论文《论火星运动》，在书和论文中，开普勒公布了两个非常重要的定律。

（1）所有行星分别在大小不同的椭圆轨道上运动。太阳的位置不在轨道中心，而在轨道的两个焦点之一。我们也把这叫作行星运动第一定律或轨道定律。

（2）在同样的时间里，行星向径在其轨道平面上所扫过的面积相等。这就是行星运动第二定律，有时也叫面积定律。

开普勒指出，这两条定律同样适用于其他行星和月球的运动。在行星是否等速度运动方面，开普勒采取了一个折中的办法，他只是把"线速度"相等换成了"面速度"相等。完成了这个发现，开普勒心情十分愉悦。因为有了这个定律，就可以计算任何时刻行星在轨道上的位置了。

第一定律说，火星沿椭圆轨道绕太阳运行，太阳处于两焦点之一的位置。第一定律意味着行星沿椭圆轨道运动，而不是人们想象中的圆周运动。完成这一发现需要有一定勇气，至少需要有摆脱传统观念的智慧和毅力。

因为在此之前，包括哥白尼和伽利略在内的几乎所有天文学家都坚信，亚里士多德和毕达哥拉斯的天体观念是最完美的。在古希腊人看来，圆是最完美的图形，一切天体运动皆为圆周运动。虽然哥白尼知道，几个圆合并起来可以产生椭圆，但他从来没有用椭圆图形描述过天体的运动轨道。开普勒第一定律的得出得益于第谷的精确观测，这对于哥白尼的"日心说"来说，是一个重要推动和发展。

发现了这两个重要定律后，编制星表一事就不在话下，用"举重若轻"一词形容最合适不过。火星曾经是那样的"行踪诡秘"，也没能逃出开普勒的定律制约，他把它收拢在星表里面，使其十分驯服地沿着开普勒给定的椭圆轨道运行，其余那些行星也都相继归顺在开普勒为它们定制的囚笼里。

开普勒不满足已取得的成就，他感到自己还远远没有揭开行星运动的全部奥秘。他相信宇宙间还存在着一个完整定律，它终将会把全部行星系统连成一个整体。

古代先贤早有启示，行星运行的快慢与它们的轨道位置有关，较远的行星有较长的运行周期，较近的行星有较短的运行周期。开普勒第二定律表明，即使在同一轨道上，行星运行速度也因其距太阳远近而不同。这是拓展思路的重要入口。开普勒相信，行星运动周期与它们轨道大小之间应该吻合，或者说应该和谐。重要的是如何找出它们之间的数量关系。

1612年，奥地利的林茨市聘请开普勒到那里讲授数学，同时编制地图。工作之余，他继续研究天文学，包括探索各行星的运动规律。在多数时候，他所做工作枯燥繁杂，几乎看不到希望，他整天面对的就是计算、失败、再计算。开普勒面对的只是一堆观测数据，要在这些枯燥繁冗的数据背后发现隐藏着的自然规律绝非易事，毅力、耐心和智慧缺一不可。

当时的学者不清楚行星与太阳之间的实际距离，只知道其相对距离，开普勒也不知道。为了解决这个问题，他找了一个参照物，即我们脚下的地球，以地球作为比较标准，也许一切问题都会迎刃而解。

开普勒以地日平均距离（即一个天文单位）为距离单位，以地球绕太阳运动周期（也就是我们的一年）为时间单位，把各个行星的公转周期（T）及它们与太阳的平均距离（R）排列成表。

表1看起来很简单，能有什么规律性呢？开普勒的不凡之处就在于，他善于从杂乱的事情中寻找出规律来。他整天拿着这个表琢磨，想发现它们之间存在的数量关系。有点像做数字游戏，他反复对表中各项数字做各式各样的运算，包括互相加、减、乘、除，或者让它们自乘，或者求它们的平方根……

第九章　开普勒：为天空立法　119

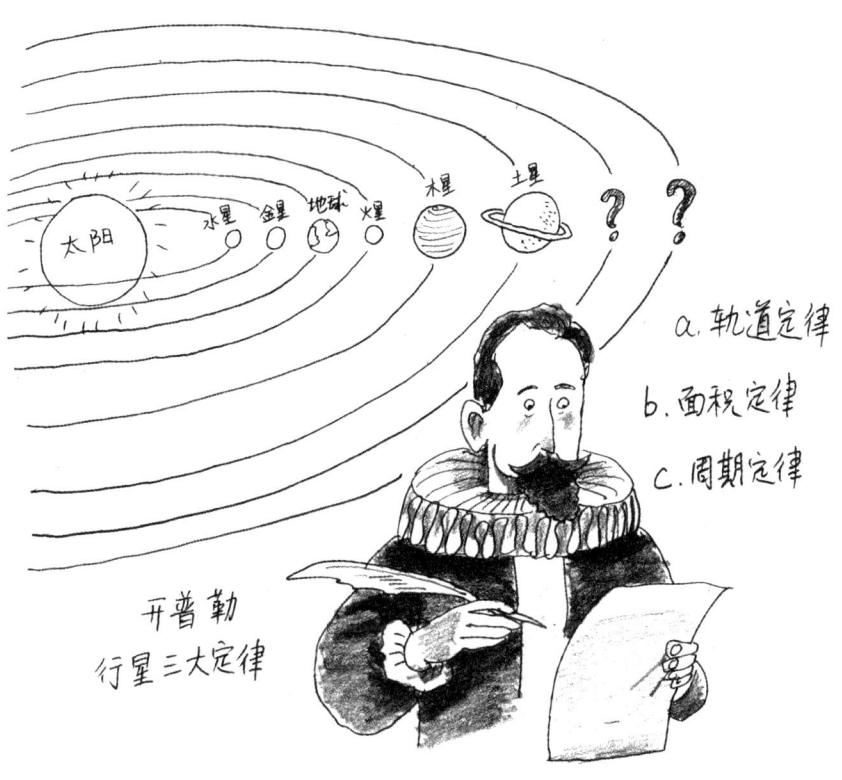

天文学家开普勒

表1　行星的公转周期及其与太阳的平均距离

行星名称	水星	金星	地球	火星	木星	土星
公转周期（T）	0.241	0.615	1.000	1.881	11.862	29.457
与太阳距离（R）	0.387	0.723	1.000	1.524	5.203	9.539

很少有人理解他，更没有人支持他，在那样的环境里，他坚守了整整9年。经过了无数次的计算和失败，开普勒终于完成了一个发现——行星运动第三定律，即行星绕太阳公转运动的周期的平方与它同太阳之间距离的立方成正比。天文学上也把这一定律叫作谐和定律（或周期定律）。

在1619年出版的《宇宙和谐论》中，就有这一定律的完整描述：行星距离太阳越远，它的运转周期越长。如果是这样定性的描述，人们也许不会觉得稀奇，关键是他提出了一个数学模型，那就是行星运转周期的平方与到太阳之间距离的立方成正比。

开普勒的三大行星运动定律基本上完整和准确地描述了行星和太阳之间的关系，解决了困扰天文学多年的一个基本问题。为了探索这个问题的答案，哥白尼和伽利略等奋斗多年而未果。开普勒真的是一个天才啊！

客观地说，当时的物理学并不发达，或者说还不经典，开普勒也就不可能解释行星运动定律的深层原因。几十年后，艾萨克·牛顿提出了万有引力定律，才弥补了这一不足。牛顿曾经说过："如果说我比别人看得远些的话，那是因为我站在了巨人的肩上。"在牛顿的巨人行列中，开普勒无疑是其中之一。

根据以上分析，在表1中，只需添加两行数字，就得到表2。

表2　行星公转周期的平方及其与太阳距离立方的数据

行星名称	水星	金星	地球	火星	木星	土星
公转周期（T）	0.241	0.615	1.000	1.881	11.862	29.457
与太阳距离（R）	0.387	0.723	1.000	1.524	5.203	9.539
周期平方（T^2）	0.058	0.378	1.000	3.54	140.7	867.7
距离立方（R^3）	0.058	0.378	1.000	3.54	140.85	867.98

表 2 告诉我们，$T^2 = R^3$，这就是谜底。谜底一旦给出，人们就会觉得十分简单。但为解开这一谜底，开普勒耗费了太多心血！

3. 神秘深邃的宇宙原来是有序的

十几年后，每每想起此事，开普勒仍然欣喜若狂，他曾对朋友说："我终于揭示出它的真相，这一结果远远超出我最美好的期望。至于它能流传多久，有没有贴心读者，我就管不着了。当初耶稣也是寂寞了很久才有了信奉者的。"

宇宙本身隐藏着十分重要的自然定律。一切看起来好像是自然的随意之作，可一旦被创造出来，就不是偶然的、没有秩序的"乌合之众"，而是被纳入到一个有严密组织、有严谨秩序且相互制约的系统。包括太阳和它周围的所有天体。不仅行星遵循开普勒第三运动定律，连同行星的卫星及太阳周围的其他天体都遵循它。

在天文学发展史上，开普勒的这一成就怎么形容都不过分。为纪念开普勒，天文学家把上述行星运动三大定律叫作"开普勒定律"。这个定律一经确立，本轮系统就失去了立足之地，行星运动不再神秘，这三大定律就成了天空世界的"法律"。开普勒也就当之无愧地成为"天空立法者"了。

开普勒取得了划时代的成就，三大定律的重大意义主要表现在以下三个方面。

第一，科学思想上的创新精神。远在哥白尼创立日心体系之前，许多学者对于天动地静的观念提出过不同见解，但没有人怀疑过天体遵循完美的均匀圆周运动这一观念。开普勒首先否定了它，以此为契机，创造性地提出了行星运动的三大定律。这是个非常大胆的创见。虽然哥白尼知道，几个圆合并起来就可以产生椭圆，但他从来没有用椭圆描述过天体的轨道。

第二，宇宙体系更加严谨和完整。哥白尼摒弃了自古希腊时期就有的把天和地孤立开来的思想，他建立的宇宙体系更合理，但仍要运用 30 多个圆周来解释天体运动，使其易于理解。开普勒定律摒弃了

"地心体系",超越了"日心体系",去掉了那些累赘的本轮,使其宇宙体系更加简洁,能更精确地推算行星的运动。

第三,更容易理解行星运动规律。开普勒的天体系统是匀称且和谐的。在开普勒的众星世界里,周围的行星受来自太阳的神秘力量支配。太阳位于行星运行轨道(椭圆轨道)的某个焦点,行星公转周期则取决于该行星与太阳之间的距离。这确实令人惊讶,其背后的深层原因令人深思。

四、没有辜负第谷的嘱托

1618 年,开普勒来到意大利,成为博洛尼亚大学的数学教授。教学之余,开普勒系统梳理了已有的天文学资料,写出了《哥白尼天文学概要》,书中对哥白尼理论做了评价,对天体运动表达了自己的看法。书中有一部分内容涉及日食和月食现象。在《彗星论》这本书中,开普勒研究了彗星运动,也预言了宇宙辐射压力。

开普勒根据自己提出的行星运动定律和第谷的观测资料,编制了一个行星表,即《鲁道夫星表》。鲁道夫就是开普勒当御用数学家时的罗马皇帝,是开普勒一生重要阶段的保护人,开普勒以此书名来纪念一位如此重要的人物,可见其良苦用心。

开普勒没有辜负第谷的嘱托。1627 年,《鲁道夫星表》在皇家财政的支持下最终正式印行,这也是他生命中的最后杰作。这部星表在天文学史上非常重要,因为它的完备和准确度远胜过以前的那些类似著作。星表的形式几乎没有改变地保留至今。其重要的文献价值则表现在,从《鲁道夫星表》及同类书刊中,学者们就可以查知天体过去或未来的运动和准确位置。

星表告诉人们各行星的位置及其相互关系，其精确程度也是前无古人。在 100 多年时间内，《鲁道夫星表》都被认为是天文学上的标准星表，一直被天文学家和航海家奉为至宝，这部星表在引领他们探索遥远天体和出海远航时特别有用。这也是开普勒受人钦佩的原因。

我们常说，占星学孕育了天文学。古代占星学家的一个重要任务就是预言天气和星象变化，开普勒在细心观测和科学计算的基础上，于 1629 年出版了一本书，即《1631 年的稀奇天象》，书中预测了 1631 年 11 月 7 日的水星凌日现象。欧洲人对此是半信半疑。不过开普勒自己是看不到了，因为他没能活到那时，他于 1630 年 11 月 15 日就去世了，那一年正好是中国的庚午年。他推算的水星凌日现象发生在夜间，欧洲人也不能亲眼看见。

五、为光学奠基

在光学领域，开普勒也做出了重大贡献，包括光学理论和光学仪器。开普勒曾经研究过针孔成像，并从几何光学的角度加以解释。开普勒指出，光的强度和光源的距离的平方成反比。1611 年，开普勒出版了《折光学》。该书分析了光的折射问题，提出了光线和光束的表示法，阐述了近代望远镜理论。这些研究都领先后人，因此可以说开普勒也是近代光学的奠基者。

开普勒没能成为天文观测家，但他善于借别人的长处弥补自己的短板，他视力不好，但"借别人眼睛"做出了伟大的发现。

我们知道，伽利略在望远镜制作方面虽有所改进，但在本质上，他的望远镜同荷兰眼镜匠制造的望远镜没有什么两样，不过就是一块凸镜片（物镜）和一块凹镜片（目镜）的简单组合。

开普勒所设计望远镜的新颖之处就在于，他把伽利略式望远镜的凹镜片（即目镜）改用一个小凸透镜，把长焦距的透镜和短焦距的透镜配合在一起，这就好比给放大镜"戴上一副眼镜"，其倍率由物镜和目镜的焦距之比来决定，所成的像则是倒立的。对于天文学家来说，这没有什么不方便。开普勒式望远镜的最大特点是把观测对象置于两透镜的公共焦点上，能够测定微小角度。后来许多具有商业价值的天文望远镜基本上都是开普勒式望远镜。

为实验力学发展做出重要贡献的科学家是伽利略；开普勒凭直觉提出了光的强度随距离减弱的平方反比定律，该定律奠定了近代实验光学的基础。

威蒂略是波兰物理学家，生活在中世纪，在物理学及光学方面颇有研究，他是文艺复兴以前最重要的光学家，其著作《光学》阐述了他的光学理论。开普勒在研究了威蒂略的《光学》后，写了《对威蒂略的补充，天文光学说明》一书，对光学的发展做了进一步阐述。开普勒还专门研究了人的视觉形成过程，探讨了近视和远视产生的原因，以及视网膜的重要性，这些工作为眼镜的制作提供了重要依据。

1613年，开普勒制造出了一架望远镜（开普勒望远镜），到17世纪中叶，天文学家已普遍采用开普勒望远镜。在解释望远镜原理时，开普勒发现光从已知光源以球面形式辐射出来。他认为，介质影响光的折射。开普勒觉得介质的折射力与介质的密度成正比。而英国数学家哈略特说，油比水的折射力大，但是油比水的密度小。关于光的折射律的正确解答是莱顿的一位数学教授威里布里德·斯涅耳完成的，时间是1621年。

今天，国际上最先进的一种望远镜就以开普勒的名字命名，它是我们走进宇宙深处的重要研究仪器。

六、在平凡中孕育伟大

提到近代自然科学的开创者，我们不能绕过开普勒，特别是在天文学方面，他和哥白尼同样重要。正是因为有了他，"日心说"才能更好地立足于世。他的行星三大运动定律堪称经典，很多年后，牛顿发现了万有引力定律，这在一定程度上得益于开普勒的研究工作。

开普勒富有创新精神、善于克服困难，特别是在数学方面，他凭直觉提出来的某些定律，后来被证明是正确的。在科学研究中，他坚持尊重事实，当他发现设想与事实不符时，就毫不犹豫地抛弃它们。在这些方面，开普勒给我们留下了宝贵的财富。

当然，我们研究一个人，必须把他放在特定的历史时空中进行辩证分析，开普勒毕竟是中世纪与近代交替时期的科学家，其思想也带有一定的时代局限性。

在这里介绍一下开普勒人生的几个小片段和结局。开普勒一生艰辛，17岁时父亲去世，母亲性情不平和且喜欢巫术。26岁时，开普勒结婚，但家庭缺少温暖与和谐，他把毕生精力投入了天文研究。

开普勒一生贫困，经济上经常陷入绝境。那时候的欧洲处于战乱之中。况且皇家宫廷还欠薪20余年，不知道那些年开普勒靠什么维持生活？开普勒可能更看重工作本身，后来的事实说明，他真的是把天文学当作自己崇高的使命。

开普勒最后死于讨薪的路上，他长途跋涉去拉提明讨薪，1630年初冬，开普勒染伤寒命丧途中，身边只有几件衣服和书籍，真的是在贫病交加中与世长辞了。

第十章

庐山真面目：
不一样的彗星

早在几千年前，人们就知道了彗星，引起人们注意的，是它那出没不定的行踪，而且，它们不止一次地在星空中匆匆穿过。

其实，我们的祖先还不够了解它是什么，也不认识它的庐山真面目，一直到近代天文学研究有了新发现。

一、因何而存在，因何而远游

彗星是星际物质，也是围绕太阳运行的一种天体。彗星的英文单词"comet"由希腊文演变而来，意即"尾巴""毛发"或"长发星"。

在中国古文字中，"彗"是"扫帚"的意思，所以民间也把彗星叫扫帚星。自古以来，彗星都是怪异之星。因此，人们往往把战争、瘟疫等灾难归罪于彗星的出现。那可不是一般的不吉利啊。在世界各地，这恐怕还是一个共同现象。不过，对于彗星而言，这实在是有些冤枉。

离太阳很远时，彗星的体积很小，不过那时候人们根本看不见它，而一旦靠近太阳，它的体积立即发生巨大变化，首先是彗发变大，用"怒发冲冠"一词形容非常贴切。接着是彗尾变长，那可不是一般的长，它的长度远在人们的想象之外，据说最长可以达到2亿多千米。这时候的彗星看起来就是一个巨无霸了，这也是它令人恐怖，把它跟战争或各种灾难联系起来的重要原因。

我们先来看看彗星的结构。彗星大体由两部分组成，即彗头和彗尾。彗头实际上包括三部分：彗核、彗发和彗云。彗核是彗星的核心，呈固体状态，主要由石块、铁、尘埃、氨、甲烷、冰块等组成。彗核直径很小，从几千米至十几千米不等。

在彗核周围，包裹着一层球形雾状物，主要由气体和尘埃组成，它就是彗发。近年来，天文学家发现，有些彗星的彗发外被一层云雾笼罩，这层巨厚云雾主要由氢原子组成，天文学界将其称为"彗云"或"氢云"。彗发的半径可达几十万千米，但平均密度非常小。通过光谱和射电观测发现，彗发中气体的主要成分是中性分子和原子，其中有氢、羟基、氧、硫、碳、一氧化碳、氨基、氰、氰化氢等。彗云的直径可达100万～1000万千米。

当然，彗星的结构不全是这样。只有当彗星靠近太阳（约2个天文单位）时，彗尾才开始出现，离太阳越近，彗尾越长。再往后，离太阳越远，彗尾越短，直至消逝。彗尾的体积很大，但极其稀薄。所以说，彗星是太阳系中体积最大但质量很小的天体。

彗星的起源并未有定论。这给予我们极大的想象空间，或许，在你想象力的极限处，就会有一个答案是合情合理的。所以，作者在这里只给出以下一种说法。

彗星很有可能是太阳系外的来客，它们在时有小行星走过的宇宙古道上来去匆匆。在宇宙中，彗星的诞生和消逝是一种常态，而且这也可能是构成宇宙局部区域动态平衡的力量之一。周期彗星总有土崩瓦解的那一天，当它消逝在苍穹边际的时候，肯定会有新的彗星在离它不远处生成。

有天文学家认为，太阳系外围，环绕着广大的宇宙云雾，即奥尔特云（Oort cloud），云雾深处，有一个特大彗星区，那里有上千亿颗彗星。在宇宙的某个角落，恒星引力使一部分彗星进入太阳系内部。太阳系内部也有木星这样的大行星，其在某种程度上对进入太阳系的一些彗星产生一种强烈排斥。结果是，一部分彗星有可能逃出太阳系，而另一部分被"捕获"的彗星就成为短周期彗星。

不遵循椭圆形轨道运行的彗星一旦离开太阳系就很难再回来，它们是天外的匆匆过客，是宇宙中的漫游者。这样的漫游者在宇宙中非常普遍。大多数彗星在天空中都是自西向东运行，但也有例外，下面要提到的哈雷彗星就是自东向西运行的。

让我们看一看彗星的真面目吧。当彗星（包括哈雷彗星）渐渐回归到太阳附近时，彗核表面开始受热而汽化，彗星开始从冬眠中苏醒。由于反射阳光和自身受激发光，这时候的彗星犹如披上了一层辉煌灿烂的外衣。中间那团明朗且密集的凝聚物是彗核，朦胧而蓬松的气体包层是彗发，边缘还有一圈暗淡而稀薄的氢云，它们共同组成了怒发冲冠的彗头。当彗星靠近太阳时，它能感受到太阳喷薄的光焰，太阳表面源源不断地抛射出的亚原子流形成了吹向四面八方的太阳风。这时候，彗星上弱不禁风的尘埃和挥发性物质便在太阳风的吹拂和强光的照耀下变形，结果就拖出一条明亮的大尾巴，这就是彗尾。离太阳越近，彗尾越长。因此，不难理解，彗尾总是朝向背着太阳的一面。

划破天空的彗星非常醒目，但真实的彗星其实很丑而且很脏，像一个被黑煤灰严重污染的雪球。笔者认为，它其实就是宇宙尘埃的一部分。而且，在整个宇宙，"物以类聚"和"周期性变化"都是一种客观存在。

彗星本身不发光。《晋书·天文志》中有"彗本无光，反日而为光"的说法。说明早在我国晋代，天象观测者就认识到了这一点。一般彗星的发光都很暗，很难观测到，只有极少数彗星，拖着长长的尾巴，被太阳照得很明亮时才被我们看见。

天文学家知道很多彗星，人们已经发现的彗星有1600多颗，但是肉眼能看到的却很少，用望远镜每年也只能看到20多颗。

二、哈雷彗星及其发现

1. 哈雷彗星

在彗星的庞大家族中，对于我们普通人来说，最熟悉的莫过于哈雷彗星（正式的名称是1P/Halley）。所以，下面我们就重点看看哈雷彗星的真面目。

哈雷彗星环绕太阳的运行轨道是椭圆形的，每隔75年或76年，地球人就能看见一次，在短周期彗星中，哈雷彗星是最著名的。哈雷彗星是唯一一颗在地球上能用肉眼看见的短周期彗星。不过，也有更加壮观和美丽的彗星会光临地球，那样的机会数千年可能才会出现一次。

早在殷商时代，中国人就开始注意到了彗星，一本名为《淮南子·兵略训》的书中有"武王伐纣，东面而迎岁，至汜而水，至共头而坠。彗星出，而授殷人其柄。时有彗星，柄在东方，可以扫西人也"的记载，综合各方面资料看，这次记载的彗星是哈雷彗星的可能性很小。

《春秋左传·鲁文公十四年》中有一句话："秋七月，有星孛入于北斗。"春秋鲁文公十四年是公元前613年，这次记载更为可靠些，文中所记正是众所周知的哈雷彗星。古代中国对哈雷彗星每次回归都有详细记载。

哈雷彗星绕日旅行并不轻松，它在固定轨道上的运行既不是逍遥之旅，也不是闲庭信步。据测算，它每从太阳身边经过一次。就会损失大约6米厚的冰、尘埃和岩石。哈雷彗星的彗尾就由这些碎片组成的。

即使在远离太阳的宇宙空间，匆忙奔波的哈雷彗星也不断向外抛射尘埃和气体。质量的不断损失最终导致哈雷彗星在遥远的将来走向消亡。

天体化学研究结果表明，哈雷彗星彗尾的主要化学成分是水、氨、氮、甲烷、一氧化碳、二氧化碳，以及不完备分子的自由基等。

彗核的主要成分是冻冰或雪尘，约占70%，其他成分是一氧化碳，约占10%左右，另外还含有二氧化碳、氢氰酸等。整个彗核的密度不到冻冰或雪尘的一半。所以，它尽管看起来很大，但实际上很轻。当然，被那些冻冰块包裹着的还有其他宇宙尘埃和砂岩。

2. 哈雷的人生故事

说到哈雷彗星，我们就想起了天文学家埃德蒙·哈雷（Edmond Halley，1656—1742）。在这里顺便介绍一下哈雷的人生故事。

20岁时，哈雷从牛津大学王后学院毕业。此后，他乘船到了南大西洋的圣赫勒拿岛，参与天文台的建设并进行天象观测，那时候的圣赫勒拿岛是英国殖民地。他在那里编制了第一部南天星表，于1678年刊布，该星表包括300多颗恒星，还弥补了当时天文学界只有北天星表的不足。由于这项工作，他被同行称为"南天第谷"。我们知道，第谷是16世纪著名的天文观测家。

以上仅仅是哈雷人生的序曲，真正的故事要从1682年讲起。那年夏天，哈雷与巴黎天文台第一任台长卡西尼（Giovanni Domenico Cassini，1625—1712）合作，观测了当年出现的一颗大彗星。这颗大彗星的出现引起了哈雷对彗星的很大兴趣。

1695年，哈雷被选为皇家学会书记官，从那时起，他将目光聚焦到了彗星上，从两方面着手：一边进行实际观测，一边对前辈的相关工作进行整理。为此，他从有历史记录的彗星中挑选了24颗，运用牛顿万有引力定律反复推算它们的运行轨道。

计算结果让哈雷大吃一惊，因为他发现1531年、1607年和1682年出现的三颗彗星的运行轨道如出一辙，虽然彗星经过近日点的时刻有一年之差，但这有可能是由木星或土星的引力摄动所致。这样的解释也是说得通的。

哈雷首先想到的就是，这三颗彗星可能是同一颗彗星的三次回归。不过他一时不敢肯定，觉得还是谨慎一些好。他逆着时间继续搜索，有彗星记录的时间分别是1456年、1378年、1301年、1225年、1149年。

17世纪末，哈雷意识到彗星会定期回到太阳附近，从观测数据来看，这是个大概率事件。彗星回归的念头实在有些大胆，不过哈雷研究彗星的兴趣也是越来越浓，他全身心地投入这项事业，甚至到了忘我的境地。

通过大量的观测、研究和计算后，哈雷将研究结果汇集在《彗星天文学论说》中。哈雷在书中有一个大胆的预言，1758年年底有一颗彗星将出现在天空。哈雷说，1682年，这颗彗星就曾出现在天空中，当时还引起世人极大的恐慌。稍后不久，哈雷基于木星可能影响彗星的运动而做了一个修正，他说，彗星回归的日期有可能推迟到 1759 年年初。这样的预言可谓大胆，一旦预言成真，就可能一鸣惊人；反之，就可能成为别人的笑柄。

那时候，哈雷即将"知天命"（按照中国人的传统说法，知天命即已到 50 岁），还要等 50 多年，才能知道他的预言是否正确。哈雷清楚，自己是不可能亲眼看到这颗彗星的再次回归了。因此，他在一篇文章中说："如果彗星根据我的预言确实在 1758 年再次回归，公平的后人大概不会拒绝承认这是由一位英国人首先发现的。"语气不乏幽默，也略带点遗憾。

对于哈雷的预言，嘲笑和怀疑的人不少，但也有一些人认为是真的。法国数学家克莱罗在彗星回归前做了精确计算。结果表明，由于木星和土星的影响，彗星将在 1759 年 4 月 13 日前后一个月掠过近日点。

很多人翘首以待，很多人迫不及待。1758 年年初，法国天文台的梅西叶（Messier Charles，1730—1817）已经着手观测，他特别想成为第一个证实彗星回归的人。1759 年 1 月 21 日，他终于找到了这颗彗星。但发现彗星回归的荣耀并不属于他，因为在 1758 年的圣诞夜，德国德雷斯登附近的一位农民天文爱好者已经捷足先登，发现了回归的彗星。

1758 年年底，被预报过的第一颗彗星终于回来了，它准时回到了太阳附近。那时候，哈雷已经去世 16 年了，但他在 18 世纪初做出的这个预言终于得到了证实，经过半个多世纪的时间，哈雷的名字再次闪亮在星空，人们没有忘记他，将这颗彗星命名为"哈雷彗星"，算是对哈雷的最好纪念。

1759 年 3 月 14 日，哈雷彗星掠过近日点，比法国数学家、物理学家克莱罗（Clairau Alexis-Claude，1713—1765）预告的时间提前了一个月。哈雷的预言成真，更多人的梦想成真。从那之后，哈雷彗星每隔 76 年左右都会按时回归。哈雷彗星回归之际，就是天文学家对它进行观测和研究的最好时机。

1986 年，哈雷彗星的回归是当时天文学界的一件大事，也是所有

第十章　庐山真面目：不一样的彗星　133

哈雷和哈雷彗星

地球人生活中的一件大事。当时，中国和世界各国的天文学家对它进行了大量观测和研究。它的再次回归要等到 2061 年左右。

哈雷彗星的回归证实了周期彗星的存在，也促进了彗星天文学的发展。哈雷彗星周期性地在太阳系穿梭，与各行星有过不同程度的接触，也经历过各种各样的环境考验，所到之处都会留下重要信息。因此，对于天文学家来说，它的每次回归都是一次重要的机遇。

每 76 年左右，哈雷彗星才回归一次，当它回归时，我们能看到它的时间不到 5 个月。一旦错过了机会，恐怕就会成为永远的遗憾。离开我们的视线之后，它就在遥远的路途上漫游。那时候，即使用目前最大的望远镜，我们也难以追寻到它的影子，只能等待它回归的时刻。

顺便提一下梅西叶。他虽然没有成为证实彗星回归的第一人，但他是观测彗星卓有成效的天文学家，他年复一年、日复一日地搜寻彗星，他观测彗星的时间主要是在凌晨和黄昏后，功夫不负有心人，他一生共发现了 21 颗彗星，而经他观测过的彗星高达 46 颗。他因此也获得了"彗星侦探"的称号。也正是他的聪明、勤奋才能让他有如此多的收获。

哈雷除了是天文学家外，还是地理学家、数学家、气象学家和物理学家，他曾担任过牛津大学的几何学教授，第二任格林尼治天文台台长。他还发现了天狼星、南河三和大角这三颗星的自行，证明了月球长期的加速现象。

哈雷比牛顿小 14 岁，性格温和，他跟物理学家胡克（Robert Hooke，1635—1703）、建筑师雷恩（Sir Christopher Wren，1632—1723）、最先提到上帝那只手的牛顿都有来往，而且哈雷口才很好，又爱管闲事，几乎成了皇家学会的"专业调解员"。哈雷曾经调节过牛顿与胡克之争，还调节过牛顿与德国数学家莱布尼茨（Gottfried Wilhelm Leibniz，1646—1716）关于微积分的发明权之争。

第章

万有引力支配下的宇宙：
从幻想走向有序

自从牛顿发现了万有引力，得到了那个简洁而又神奇的数学表达式之后，人们对身边世界的理解就更加深刻。

后来，天文学家将这种力进一步延伸到无限遥远的星空时才发现：我们的宇宙也是非常有序的。

一、为天体力学奠基

早期天文学的主要内容就是天体测量学。天体测量学主要研究和测量天体的位置和运动。天体测量学渊源深厚、历史悠久。我们知道,早期天文学家在社会发展的过程中扮演着重要角色,他们不仅承担着为天体量身的繁重任务,也承担着为宇宙测时的神圣使命,在一定程度上,他们似乎还能够决定生命去留。

从哥白尼到牛顿的 150 年,人类对宇宙的认识发生了深刻变化,这一变化可以用"翻天覆地"一词来形容。新的理论和观测一次次地证明:地球不是宇宙的中心,太阳也不围绕着地球转动,天体并不沿着圆形轨道匀速前进,而是在一个比较复杂的曲线轨道上运行。

原来认为行踪不定、难以捉摸的彗星,实际上也沿着一定的轨道围绕太阳运行,它们的再度出现可以根据天体力学的一般定律加以预测。即使太阳也并非一成不变,星辰在天穹上或隐或现,它们的光度也呈现周期性变化。

到这个时期,人类对"天"的认识和知识远非 2000 多年前的希腊人或春秋战国时期的中国人所能比,旧宇宙体系不攻自破,占星术士的好日子一去不复返。那是一片混合着艰辛和诸多荒谬的废墟,在那一片废墟之上,新的宇宙观产生了,这就是近代力学宇宙观。

17 世纪时,开普勒提出的行星运动三定律开天体力学研究的先河,也为天体力学的建立创造了条件。稍晚些,牛顿提出的万有引力定律则奠定了天体力学的基础。到 18 世纪,由于天文观测技术的革新、数学模型和计算方法的成熟，包括天体测量学和天体力学在内的经典天文学得到蓬勃发展。

牛顿经典力学大厦的建立意味着天体力学这一分支学科的诞生。结果，天文学也从单纯描述天体的几何关系和运动状况进入研究天体之间的相互作用和解析造成天体运动原因的新阶段，在天文学的发展历史上，这一变化是空前的。

苹果落地的现象促使牛顿开始思考一个问题：地心引力是否可以抵达月球，使月球在一个固定轨道上运行。他重新研究开普勒的行星运动定律，得出引力随距离变化的规律，并计算出地球施加到月球上的引力就是使月球在其轨道上运行的力量。

太阳对它周围的行星会施加同样性质的力，这是行星在各自轨道上运行的根本原因。开普勒首先认识到，行星的运行轨道都是椭圆，这种认识有一些经验的成分在内。牛顿根据他的引力定律，用数学的方法推出了同样的结果。

经过很多个不眠之夜，在苦思冥想后，牛顿终于将苹果落地的力、维持月球在其轨道上运动的力和一切天体相互吸引的力，统统归结为一种力。牛顿还证明，这种力产生于物质所共有的一种性质，因而使宇宙中各质点相互吸引。在牛顿的公式中，引力的大小与两质点的质量和其相互间的距离有一个确定的关系。这种力就是今天众所周知的万有引力，即万物之间彼此相互吸引，引力的大小与它们质量的乘积成正比，与它们之间距离的平方成反比。

万有引力定律诞生之后，天文学家们沿着牛顿所开创的道路继续往前走，在那条路的尽头找到了解释宇宙现象、研究天体运动的新工具，这就是天体力学。

1682年，天文学家哈雷根据牛顿的万有引力定律计算了一颗彗星的轨道，哈雷当时预言，这颗彗星将在1758年再次回来，这颗彗星后来真的如期回归。

哈雷彗星准时回归的重要意义就在于，它提供了毋庸置疑的证据，证明了牛顿定律的真实性和天体力学方法的可靠性。再后来，到19世纪40年代，英国天文学家亚当斯（John Couch Adams，1819—1892）和法国天文学家勒威耶（Urbain Le Verrier，1811—1877）计算出海王星的存在，牛顿力学又一次接受了检验。

今天，我们已经知道，天体力学是研究天体运动和形状的科学，它是在天体测量学的基础上发展起来的。

在18世纪中叶以前，天文学的主要研究内容是，对月球运动的观测、太阳到地球距离的测定及子午线的观测，其目的是制定历法和用于航海。在这样的背景下，天体测量学的重要性不言而喻。

18世纪末，天体力学取得了与天体测量学同等重要的地位。那时候，天体测量学和天体力学密切配合，相辅相成，依靠太阳、月亮和行星的大量观测资料及天体力学的研究方法，总结出太阳系天体的运动和力学关系的理论。这个时期，天文学的另一特点是国立天文台的设立。出于航海的需要，法国首先于1671年设立了巴黎天文台，1675年，英国设立了格林尼治天文台。后来俄国的普尔科沃天文台、美国的华盛顿海军天文台也相继建成。而这个时期从事天体测量工作的主要是以天文台为基地的专业天文工作者。

人类越来越想知道地球的形状问题。牛顿曾从理论上推测，地球的形状是两极较扁而赤道部分突出。这一观点遭到了法国学者的反对，因为巴黎天文台的工作人员通过测量认为，地球是西瓜形状的。争论从17世纪末开始，一直延续了半个世纪之久。为了得到准确结果，法国派遣远征队，到秘鲁和北极圈实地测量，所得结果证明了牛顿理论的可靠性。远征队还根据万有引力测量了地球的质量。

从那时起，天体力学就成为天文学研究的主要方向。作为一门重要分支学科，到18世纪后期，天体力学的主要内容和基本理论才得以奠定和建立，主要奠基人是欧拉、克莱罗、达朗贝尔和拉格朗日，最后由拉普拉斯集前人研究成果之大成完成基本内容和基本理论的建设。到19世纪初，经典的天体力学已跻身于世界科学之林。

二、数学家的杰出贡献

18世纪的欧洲,航海事业的发展对天文观测数据和天体运动规律提出了新的要求,这在一定程度上促进了数学的发展和数学研究对象的转变,很多著名数学家致力于天体运动的研究,结果创立了分析力学,他们的研究工作为天体力学的创立奠定了基础。

瑞士数学家、自然科学家欧拉(leonhard euler,1707—1783)在数学方面有高深造诣,他的研究范围也涉及天文,他首先完整地创立了月球运动的理论。在研究过程中,欧拉一改前人在天文学研究中只运用几何学的倾向,把高等数学这个崭新工具运用到天体研究中,从而提出一种新理论。这一理论解决了通过在海面上观测月球位置来确定地球经度的问题,也在天体摄动的研究方法方面取得重大进展。

欧拉借用数学工具分析天体运动,特别是三体问题(three-body problem)。三体问题是指三个质量、初始位置和初始速度都是任意的可视为质点的天体,在相互间万有引力作用下的运动规律问题。在浩瀚宇宙中,星球的大小可以忽略不计,所以我们可以把它们看成质点。三体问题是天体力学中的基本力学模型。

现在,我们还没有办法预测所有三体问题的数学情景,也就不可能精确求解,只能探讨几种特殊情况。在所有三体问题中,常被讨论的一个基本例子是太阳、地球和月球的运动。如果不考虑其他星球的影响,则其运动的原因只有万有引力,有了这个假设,我们就可以把研究对象看成一个三体问题。科学家已经研究过它们之间在万有引力作用下怎样运动的问题。

在 1743 年，法国数学家、物理学家克莱罗（Clairau Alexis-Claude, 1713—1765）发表了《地球外形的理论》。在这一堪称经典的学术著作中，克莱罗讨论了地球的自转、地球各部分间的引力及其对地形形状的影响，得到了各纬度的地心引力公式。对于牛顿理论而言，克莱罗的研究结果是一个重要补充。

这时候，力学研究已经取得了长足进展，克莱罗基于深厚的力学理论，通过数学模型精确计算了哈雷彗星归来的日期。他说，受土星的影响，哈雷彗星经过近日点的日期将延迟到 1759 年。

另一位法国著名数学家、物理学家、数学分析的主要开拓者和奠基人达朗贝尔（Jean le Rond d'Alembert，1717—1783）的研究触角也涉及天文学。

《动力学》是达朗贝尔最重要的力学专著。在这本书里，达朗贝尔提出了他的三大运动定律：第一运动定律给出了几何证明的惯性定律；第二定律给出了力的分析的平行四边形法则及其数学证明；第三定律给出了用动量守恒来表示的平衡定律。在达朗贝尔那里，数学是工具，对物体运动规律的研究是落脚点。

达朗贝尔原理就出现在《动力学》中，它与牛顿第二定律相似，但其优点在于它给出了把动力学问题转化为静力学问题的方法，而且可以用静力学的方法分析刚体的平面运动，达朗贝尔原理使一些力学问题的分析变得更加简洁，为分析力学的创立奠定了基础。

我们不难体会达朗贝尔的数学天赋，他从数学到物理学，再到天文学，曾经研究过岁差、地球章动和三体问题，并取得重要结果，他发表过有关月球运行理论和行星运行理论的论文，并成为天体力学的主要奠基者。

其实，数学才是达朗贝尔研究的主要课题，他是 18 世纪少数几位把收敛级数和发散级数分开的数学家之一。他首次提出了一种判别级数绝对收敛的方法（即达朗贝尔判别法）；他是三角级数理论的奠基人；他还是那个时代几乎唯一一位把微分看成是函数极限的数学家。《数学手册》是达朗贝尔最著名的著作，堪称巨著，因为它多达 8 卷。

意大利裔法国数学家和物理学家拉格朗日（Joseph-Louis Lagrange，1736—1813）把力学作为数学分析的一个分支，在力学研究中，又把天体力学作为一个分支。所以，他一生的研究工作约有一半与天体力学有关，成为天体力学的重要奠基者之一。

拉格朗日应用他在分析力学中的原理和相关公式，建立了各类天体的运动方程。特别值得一提的是他根据微分方程解法的任意常数变异法，建立了拉格朗日行星运动方程。该方程对摄动理论的建立和完善起了重要作用。

有一段时间，拉格朗日专注于天体运动方程的解法，在这个过程中，他完成了一项很了不起的工作——发现了三体问题运动方程的五个特解，即所谓的拉格朗日平动解，其中两个解是三体在围绕质量中心做椭圆运动过程中永远保持等边三角形。他的这一研究结果在一个世纪后得到证实。

在天体力学的5位奠基者中，拉格朗日所做的贡献仅次于拉普拉斯。他创立的"分析力学"对以后天体力学的发展有深远影响。

在拉格朗日的学术巨著《解析力学》中，他以分析数学为计算工具，证明由观测所得的行星运动的各种误差在本质上是由行星间相互摄动所引起的长振动造成的，这些周期性的摄动不会造成太阳系的瓦解。结论就是，太阳系很稳定。这一工作的重要意义在于，它解决了困扰当时社会的一个现实问题——在18世纪初，欧洲知识分子和平民阶层普遍存在"杞人忧天"的焦虑情绪，他们最大的担忧是"太阳系会瓦解"。

第章

拉普拉斯：构建天体力学大厦

拉普拉斯一生的主要贡献集中在天文学、力学和数学方面。他是法国著名天文学家，是天体力学的主要奠基人，是天体演化学的创立者之一；同时他也是著名数学家，是分析概率论的创始人。

拉普拉斯（Pierre-Simon Laplace，1749—1827）一生发表了270多篇论文，主要涉及天文学、数学和物理学等领域。在出版的著作中，最有代表性的是《天体力学》《宇宙体系论》和《概率分析理论》。1796年，他因对太阳系稳定性的动力学研究（见《宇宙体系论》），被誉为"法国的牛顿"和"天体力学之父"。

一、从行星运动到星云假说

1749年3月23日，拉普拉斯出生在法国诺曼底的博蒙，家境一般，7~16岁，拉普拉斯在诺曼底一个叫本尼迪克特教团管理的地方学校读书。父亲本来希望他将来以宗教为职业，为此付出了很多心血。但拉普拉斯后来莫名其妙地成为著名学者，一段时间跟政治走得很近，甚至成为拿破仑身边的红人。

拉普拉斯的一生具有传奇色彩，他经历了法国大革命、君主复辟、政体更迭和战乱等一系列事件。对于社会底层普通百姓来说，碰到这样的事情，恐怕一辈子都要生活在水深火热之中。

拉普拉斯却是个例外。在那些动荡不安的日子里，他奇迹般地青云直上。20岁左右就成为数学教授，后来成了法国科学院的重要领导人，担任过国家度量衡委员会委员，曾受到拿破仑重用，与他讨论过科学，在参议院供过职，甚至当过一段时间的内政部长（1803年）。这

天文学家拉普拉斯

也能说明，拉普拉斯的智商和情商均非常人能比。

在天体力学这一领域，拉普拉斯花了很大精力。1773年，他把牛顿的万有引力定律应用到整个太阳系，解决了当时的一个著名难题，即木星轨道为什么在不断地收缩，而土星轨道又在不断地膨胀。拉普拉斯用数学方法证明行星平均运动的不变性，即行星运动轨道的大小只有周期性变化（拉普拉斯定理）。

牛顿虽然提出了万有引力定律，但在行星运动轨道的研究方面，却有些束手无策。牛顿知道，单独一颗行星按照开普勒定律绕太阳运动时，可以在一个完美的椭圆轨道上运动下去，而且能够持之以恒。

如果绕太阳运动的行星不是一个，平衡就会被附加的引力打破，使其不再能够维持单独存在时的格局，最终会把行星推离它们的轨道。但这种情况并没有发生，牛顿陷入了思维僵局而无法解脱，只得转而求助于上帝，他说："行星运行时，需要上帝之手时不时地轻推一下，将它们送回到正确轨道。"牛顿说这句话的时候，很可能有些言不由衷。

拉普拉斯却将行星运动的研究推进到一个崭新的高度。正如牛顿所思，在各自轨道上运动的行星相互间确实有些扰动。1785年，拉普拉斯证明，事实上这些扰动是能够自我调节的。当有人问"为什么木星的轨道在缓慢缩小，而土星的轨道却在增大"时，拉普拉斯解释说，这不过是两个巨大行星在漫长的周期性运动中相对于开普勒轨道存在的一些紊乱。当拿破仑听到这一新颖别致又有些不可思议的说法时，问拉普拉斯："你有没有看到牛顿书中提到的上帝之手？"拉普拉斯的回答毫不犹豫："我不需要那只手的干扰。"

也是在1785年，拉普拉斯通过计算得出了一个著名方程，即拉普拉斯方程。拉普拉斯说，天体对其外任一质点的引力分量可以用一个势函数来表示，且其满足一个偏微分方程。1786年，他证明行星轨道的偏心率和倾角总是保持很小和恒定，且能自动调整。在此基础上，他得出结论说，摄动效应具有守恒和周期性特征，不会积累也不会消解，所以，太阳系可以稳定存在。1787年，拉普拉斯发现月球的加速度与地球轨道的偏心率有关。

想当初,牛顿发明了微积分,为进行他的天文学计算提供了一种新工具,拉普拉斯在他的天文研究中也发展了自己的数学方法,直到今天,这种方法仍在运用,他奠定了概率论基础。

《天体力学》是拉普拉斯的名著,属于集大成之作。书中第一次提出了"天体力学"这一学科名称,《天体力学》当之无愧地成为这一领域具有代表性的经典著作。

18世纪时,学术界已经具备了产生太阳系演化理论的条件。这一理论的产生主要有四个方面的支撑:第一,"日心说"的确立奠定了理解太阳系的结构基础;第二,人们大致知道了太阳系内各行星、卫星和它们的运动规律;第三,牛顿力学的日臻完善为研究天体运动提供了理论根据;第四,天文学家已经观测到了宇宙星云(所谓的云雾状天体)。

拉普拉斯的另一部伟大著作是《宇宙体系论》,从书中看,拉普拉斯的思想源于康德而又在他之上,他首次科学和系统地提出了太阳系起源的星云假说(即行星形成于太阳周围的原始物质云)。星云假说给人们留下了深刻印象,对后世有重大影响。

1796年,《宇宙体系论》问世,全书语言通俗、说理简明,深受读者喜爱。在《宇宙体系论》中,拉普拉斯一举解决了月球的长期加速度和大行星摄动这两大难题,这一研究结果使牛顿力学臻于完善。

康德也提出过星云说,他的假说主要是从哲学角度出发提出来的,当然也只有定性的意义,只在人们的意识层面产生朦胧的共鸣。拉普拉斯的伟大之处就在于,他是从数学和力学角度出发提出了太阳系起源的星云假说,这一假说是对康德星云说的充实和完善,有一种命理上和逻辑上的传承关系。因此,我们常把他们两人的假说称为"康德-拉普拉斯星云假说"。

二、在天体力学之外

笔者在一篇文献中看到了一段有意思的记载，其中说：拉普拉斯还同化学家拉瓦锡在一起工作了一段时间，他们共同测定了许多物质的热容。如果说热容测定还属于物理范畴的话，下面的工作就纯粹属于化学了。文献中说，1780年，他们两人一起合作研究后证明，将一种化合物分解成其组成元素所需要的热量就等于这些元素形成该化合物时所放出的热量。热化学研究就从这时开始。

从这个角度看，拉普拉斯是多学科研究的探路人。学术界普遍认为，这一奠基性工作是继布拉克关于"潜热"研究之后向"能量守恒定律"迈进的又一个里程碑。60年后，"能量守恒定律"终于瓜熟蒂落。

关于拉普拉斯有很多的故事，笔者在这里特别想提一下"拉普拉斯妖怪"，1814年，拉普拉斯提出了一个假设，他说："一定存在着一个智能生物，他知道从最大天体到最轻原子的运动状态，他能够根据力学规律从此时存在的一切推算出宇宙的过去和未来。"不知这算不算一个科学假设，也不知拉普拉斯所说的这个智能生物原型是否就是他自己，反正后来的人都把这个智能生物叫作"拉普拉斯妖怪"。

拉普拉斯的《概率分析理论》是一部真正的巨著，全书约700万字。拉普拉斯在书中呈现了自己在概率论上的发现，也系统综合了前人的工作。在这本书中，许多思想可能都是别人的发现，拉普拉斯却把它们和自己的思想做了统一整合和演绎。今天我们仍然耳熟能详的一些数学名词都能从这部著作中找到，诸如随机变量、数字特征、特征函数、拉普拉斯变换和拉普拉斯中心极限定律，等等。拉普拉斯变换不仅具有应用价值，也是一个重要基础，后来的傅里叶变换、梅森变换、Z-变换和小波变换也与它有千丝万缕的关系，或者说也深受拉普拉斯变换的影响。

拉普拉斯甚至还提到了黑洞存在。早在1796年，拉普拉斯就预言："一个密度和直径在某一范围的恒星，由于其引力的巨大作用，将不允许任何光线离开它。由于这个原因，可能有一些宇宙中最大的天体不会被我们看见。"这就是拉普拉斯的黑洞。不知道拉普拉斯心目中的黑洞与宇宙中真正的黑洞有多大差别，不过，黑洞真的是天文学发展中的一个重大发现。

虽然牛顿力学的大厦已经铸就，但用牛顿定律去研究整个太阳系，包括整个宇宙的稳定性及其演化，却是个庞大、复杂和艰巨的课题，这个课题一直吸引着许多优秀科学家和哲学家的目光。

第章
在哲学云雾中：康德的宇宙观

在欧洲社会，18世纪是思想启蒙的重要时期，许多思想家、哲学家和自然科学家重要作品的问世深刻影响了人类社会的历史进程。如伏尔泰的《哲学通信》孟德斯鸠的《论法的精神》卢梭的《社会契约论》马尔萨斯的《人口原理》黑格尔的《精神现象学》，等等。

康德也是他们中非常重要的一员。不过，康德不仅仅是一位著名的哲学家，还是著名的自然科学家，特别是在天文学领域有重要贡献。

上一章介绍了拉普拉斯为天体力学这门学科的形成所做的重要工作，同时介绍了拉普拉斯令人印象深刻的星云假说。其实，为创建星云假说做出重要贡献的科学家还有康德，后辈学者将两位科学家的工作进行融合，这就是一直流传至今的康德-拉普拉斯星云假说。这一章介绍康德的宇宙观及与此相关的哲学思想。

一、寂寞人生也充实

康德的全名叫伊曼努尔·康德（德语：Immanuel Kant，1724—1804）。康德家境贫寒，在家里的9个孩子中，康德排行第四，除他之外，只有一个姐姐、两个妹妹和一个弟弟活到成年。康德全家都是虔诚的新教徒，他出生翌日就受洗，而且由于其生日正好是普鲁士历的"伊曼努尔日"，教名就叫伊曼努尔（Emanuel），这也就是他后来的名字。母亲很珍视这个身体羸弱的儿子，还引导他皈依虔敬主义。康德在成年后很重视虔诚派的道德修养。母亲对他影响很大。康德后来在自传中这样评价母亲的影响："她为我种下第一粒善的种子，使我的心灵朝向大自然，唤醒并扩大了我的智力，她的教诲对我一生都有极大的影响。"

上大学之前，康德接受了良好的拉丁文教育。1740年，康德进入柯尼斯堡大学。先是攻读神学，但很快对自然科学产生了浓厚兴趣。

除神学之外,还学习了哲学、物理和数学。逻辑学和形而上学教授马丁·克努岑向他介绍了莱布尼茨和牛顿的学说。

1746年,康德以德语完成了第一篇论文《论对活力的正确评价》。所谓"活力"就是动能,康德试图调解笛卡儿(Rene Descartes,1596—1650)和莱布尼茨(Gottfried Wilhelm Leibniz,1646—1716)关于动能与速度成正比还是与速度平方成正比的矛盾,他建议分情况使用两个公式。

由于父母相继病故,康德中断了学业,一贫如洗的康德离开柯尼斯堡,到乡村担任私人教师。德国著名哲学家费希特(Johann Gottlieb Fichte,1762—1814)、谢林(Friedrich Wilhelm Joseph von Schelling,1775—1854)和黑格尔(Georg Wilhelm Friedrich Hegel,1770—1831)均有过担任乡村私人教师的经历。1747年,康德在一个叫约德辰(Judtschen)的地方给牧师安德施的三个儿子授课。1750年夏天,康德到奥斯德罗德当家庭教师。康德的第三任教职是在当地很有名的凯瑟林伯爵家中,现存的康德画像就出自凯瑟林伯爵之手。

对于康德来说,私人教师生涯是一段相对安逸的日子——收入不菲,还有可供自由支配的时间。康德说,他的收入可以负担两个房间的租金和一名仆役的工资。更重要的是,康德在当乡村家庭教师的几年积累了教学经验,丰富了生活阅历,也为日后的学术活动奠定了基础。

后来,康德在一篇论文中对"宇宙不变论"提出了质疑,这篇论文的题目是"论地球自转是否变化和地球是否要衰老"。1755年,康德发表了他的第一部著作,书的原名很长——"自然通史和天体理论,或者根据牛顿定律试论整个宇宙的结构及其力学起源"。康德自己也觉得这个书名有些长,后来把它简化为"自然通史和天体理论"。

康德认为,尽管我们的宇宙井然有序,也不能证明上帝就一定存在。自然界必受宇宙规律支配,因此,状态从混沌到完美和谐一定是个自发过程。康德同时又告诉人们,作为宇宙的设计者,上帝仍然有存在的理由。《自然通史和天体理论》堪称自然哲学的绝唱。

《自然通史和天体理论》创造性地提出了太阳系起源的星云说，在他之前，还从来没有谁提出过类似的学说。这是天文学发展史上的一件大事。

星云假说的核心思想是：很早以前，太阳系所在的地方是一团巨大的星云，这团星云主要由固体微粒和气态物质组成，它们体积不等。后来，宇宙引力驱使它们相互吸引，体积越来越大，引力最强的中心部分吸引的微粒最多，天体在引力最强的地方开始形成。按康德的推测，首先形成的是太阳。当外面微粒的运动在太阳吸引下向中心体下落时，其他微粒相互碰撞而改变方向，绕太阳做圆周运动，这些绕太阳运行的微粒逐渐形成几个引力中心，最后凝聚成绕太阳运转的行星。卫星的形成过程与行星相似。康德的思想没有激起多少浪花，直到拉普拉斯的星云说发表，人们才想起了康德的星云说。

也是在这一年，康德重返柯尼斯堡大学。4月17日，他提交了用拉丁文写的论文《论火》，通过审查取得学位答辩资格，四周后通过答辩，取得硕士学位。6月12日学校举行学位授予仪式，康德以拉丁语致辞感谢。

稍后不久，康德又提交了一篇论文《对形而上学认识论基本原理的新解释》，论文也是用拉丁文写的，康德的目的是想通过这次答辩获得在大学授课的权利，9月27日答辩委员会一致通过。康德成为编制之外的私募教师，其薪俸由愿意选课的学生负担。康德开始授课，授课效果非常好，学生很愿意听康德讲课。

1756年4月，康德提交了论文《物理单子论》，希望通过论文答辩能够递补教授空缺，虽然论文得到赞许，但递补教授空缺的希望落了空。康德并不泄气，他仍然专注于教学和研究。

康德讲授过多门课程，包括自然地理学、数学、力学、工程学、伦理学、自然科学、物理学、雄辩学等，课程之间跨度非常大，可见康德知识的渊博。

康德偏爱自然地理学，他说自然地理学是历史的基础。他将地理从众多课程中独立出来，作为一门主要课程讲授。当时地理学综合性著作少，也没有教科书，想必康德在讲授这门课程时是狠下了一番功夫的，他完全依靠个人丰富的学识和精彩的讲解吸引学生。他备课和讲课的重要收获是写了一本地理学方面的著作，这本书是后来彼得堡科学院遴选康德为院士的首要因素。

7年战争结束后，俄国将柯尼斯堡和平移交给普鲁士。1762年夏天快要结束时，康德看到了卢梭的小说《爱弥儿》，被小说内容深深吸引。卢梭几乎成为他的偶像。卢梭回归自然的道路充满诗意，但世俗生活中的道路远非如此，而且充满了荆棘。在理想与现实之间，康德一时陷入了两难境地。

那年冬天，康德发表了《三段论法四格的诡辩》，属于形式逻辑批判范畴，他在论文中试图解释判断形成的原因。同时完成了普鲁士科学院的征文《对自然神论和道德原则的明晰性的研究》，指出不能将真理和善、知识和道德混为一谈。

46岁时，康德成为柯尼斯堡大学教授，主讲逻辑和形而上学。15年后，康德成为柯尼斯堡大学校长，73岁时辞去大学教职，5年后去世。在柯尼斯堡大学任教期间，康德先后当选为柏林科学院、彼得堡科学院、科恩科学院和意大利托斯卡那科学院院士，从中可见康德的学术成就和社会声望。

康德热爱自己生活和工作的地方，一辈子都没有离开过柯尼斯堡和他所在的大学。有资料介绍说，康德的生活十分有规律，每天下午准时出门散步，以至于当地居民在他每天下午5点散步经过时出来对表，唯一的一次例外是因为读卢梭的《爱弥儿》入迷，以致错过了散步时间。

二、回归哲学

按如今网络上的时髦语言，康德是典型的宅男。康德终生栖身书斋，从未参与任何政治活动和经济生活。观其一生，学术乃是生活中的头等大事。

哲学是他至上的选择，相关作品自然是他至高的成就。康德一生追求精益求精，他毕生以探求真理为第一选择，不断改进他的学说，使其更加精确，日益完美。这也造就了一个无比丰富的精神世界，在那里，有他的各种著述和在教学中渗透着的思想。

1770年是康德一生的重要分界。在这之前，康德主要研究自然科学，之后主要研究哲学。前期的主要成果有《自然通史和天体理论》（1755年出版），太阳系起源的星云假说就出自这本著作。后期的30多年间，康德取得的成就更大，特别是1781~1790年的9年间，康德发表了一系列涉及领域广阔、有独创性的伟大著作。这些给当时的思想界带来一场深刻革命的著作包括《纯粹理性批判》（1781年）、《实践理性批判》（1788年）和《判断力批判》（1790年）。"三大批判"的出版标志着康德哲学体系的形成。三大批判涉及的领域分别是认识论、伦理学和美学。

德国是哲学的故乡，康德的影响不仅限于德国，还深刻影响了近代西方哲学。笛卡儿的理性主义与培根的经验主义曾经争论不断，但在康德那里，这两种思想观念却相安无事。康德的哲学思想对启蒙运动有重要推动作用，在德国，他是思想界的代言人和古典哲学的创始人，他开启了德国古典哲学的诸多流派，如唯心主义和康德主义。后世学者认为，康德是继苏格拉底、柏拉图和亚里士多德后西方最具影响力的思想家之一。

康德的思想系统自成一派，在他众多的著作中，最核心的三大著作就是我们所说的"三大批判"，这构成了他完整的哲学体系。

《纯粹理性批判》是西方哲学史上非常重要的著作，对学术界影响巨大，它的出版意味着近代哲学的开端，也标志着哲学研究的主要方向由本体论转向认识论。康德哲学理论将以往经验转化为知识的理性（即"范畴"），这是康德理论的基本出发点。康德认为，离开自然和范畴，我们就无法理解这个世界。在康德的理论中，经验主义和理性主义相互交织，并深刻影响了德国唯心主义与浪漫主义思想的形成。

在《纯粹理性批判》一书中，康德论述了对理性进行批判的重要性，其中涉及到了一般的形而上学问题，规定了理性批判的源流、范围和界限。在着重于进行理性批判条件的基础上，康德特别强调了知识与对象的关系，他认为知识比对象更加重要。

《实践理性批判》属于伦理学方面的著作，康德在书中否定了意志受外因支配的说法，他说过"意志为自己立法"这句话，他认为，人类辨别是非的能力是与生俱来的，而不是从后天获得的。这套自然法则是无上命令，适用于所有情况，是普遍性的道德准则。真正的道德行为是纯粹基于义务而为，为达到个人某一个功利目的所做的事情就不能被认为是道德方面的行为。由此推测，某种行为是否符合道德规范并不取决于行为的后果，而要看采取该行为的动机。康德还认为，只有当我们遵守道德法则时，我们才是自由的，因为我们遵守的是我们自己制定的道德准则，而如果只是因为自己想做而做，则没有自由可言，因为那时候你就成为各种事物的奴隶了。就简短介绍到此，这段话并不深奥，但非常深刻，需要读者仔细领会。

在《判断力批判》中，康德的研究方向集中在人类的精神活动层面，包括其目的、意义和作用方式，以及审美主体对客体的价值评判。康德的文字对美感的鉴赏和幻想有一定启发。对当前及未来，康德都有一定评析，他说："如果要真正做到有道德，我就必须假设有上帝的存在，生命结束并不意味着一切都结束了。"此外，康德在宗教哲学、法律哲学和历史哲学方面也有重要论述。

康德的思想带来了哲学界的深刻革命。康德说，不是事物在影响人，而是人在影响事物。因为人在构造现实世界。所以，在认识事物的过程中，人比事物本身更重要。常常是事物的表象进入我们的感官世界。康德有一句名言："人是万物的尺度。"这几个字深刻地体现了事物的特性与观察者之间的关系。康德主要是哲学家，但应该可以说，康德也是一位自然科学家。

康德终身未婚。晚年时期的康德已经是一位伟大的哲学家，可谓"享誉天下"。康德去世后，人们为他举行了隆重的葬礼。

第十四章
走向遥远星河的脚印

人类从未停止过对宇宙的探索，从最早的观天到今天宇宙飞船巡航遥远的星河。

在这期间，人类有很多重要发现，如光行差的发现、恒星周年视差的发现及一些重要天体的发现等。

一、发现光行差

先介绍一下光行差（aberration）的概念。光行差指在同一瞬间，运动中的观测者所观测到的天体视方向与静止的观测者所观测到的天体真方向之差。其实，我们凭感觉和常识就可以理解光行差的真实含义。

生活中，我们经常会有这样的感觉，下雨的时候，如果在雨中站立不动，手中的雨伞很自然地要竖直撑起在人的头顶正上方；当人走动时，就会自觉地把手中的雨伞倾向走动的方向，而且走动越快，伞就越要向前倾。在雨天乘坐公共汽车或火车的时候，你会发现同样的现象，即雨滴从车辆前进方向的上端斜向滴落在窗玻璃上。

顺着这样的思路延伸，我们就能想象，由于随地球同步运动，一个天文观测者所看到的星光方向，就与假设地球不动时所看到的方向不一样，而是倾向于天文观测或地球运动的方向。这就是光行差产生的根本原因。换句话说，光行差应该是由地球的运动导致的天体的视位置与真实位置之间的差异引起的。

光行差现象原来就隐藏在我们的生活中，我们只是没有发现其价值。光行差现象告诉我们，运动和静止的观测者观测到的天体的"视方向"有很大区别。几乎每个人都有这样的体验，当我们在雨中跑起来时，原来垂直下落的雨滴竟然"倾斜"了，我们跑得越快，雨滴倾斜得越厉害。

有了这些知识准备，我们就可以切入正题了。

牛顿力学大厦的建立使哥白尼学说越来越深入人心，但有一个问题还困扰着人类，那就是恒星的周年视差。根据哥白尼理论，恒星的周年视差肯定存在，可还没有哪个天文学家观测到这一现象。这个任务必然落到观测天文学家的肩上。英国著名天文学家詹姆斯·布拉德雷（James bradley，1693—1762）就是其中之一，这也成为布拉德雷最早的梦想。

我们知道，地球每年绕太阳公转一周，地球上的观察者就会看到较近的恒星相对于较远的恒星背景产生周期性的位移，位移的方向与地球轨道的向径相平行。

1725—1728 年，布拉德雷试图观测恒星的周年视差，没有取得结果，却歪打正着地发现了光行差，并对其进行了深入研究，为地球运动提供了有力的证据。

早在 1722 年，布拉德雷使用 212 英尺（1 英尺= 0.3048 米）焦距的望远镜观测了类地行星水星，并计算了其直径。不久之后，他和天文学家塞缪尔·莫里纽克斯（Samuel Molyneux，1689—1728）一起试图观测天龙座 γ 星的视差。从理论上说，视差的存在会表现为天龙座 γ 星呈现一种每年反复的环状运动。计算表明，视差的存在会导致天龙座 γ 星在 12 月位于最南的位置，6 月位于最北的位置。而布拉德雷和莫里纽克斯没有观测到这一位置变化，而是发现了该星呈现出另一种完全不同且难以解释的环状运动，即在 3 月位于最南，9 月位于最北。

莫里纽克斯英年早逝，之后，布拉德雷继续进行这项研究。他发现，正是光行差导致了环状运动的出现。据说是他在泰晤士河上乘船时的一个发现启发了他。当时，风向没有发生变化，但船上的一面旗子却改变了朝向，显然这是因为船的行进方向和速度发生了变化。

受此启发，布拉德雷进一步推测，地球的轨道运动才是能观测到环状运动的根本原因。布拉德雷计算出了光行差的常数（20～20.5 秒），计算值与观测结果基本一致。有人问，为什么没有观测到恒星的周年视差？布拉德雷说，那是因为虽然有视差存在，但其值也远远小于光行差。布拉德雷通过光行差现象证明了光速的有限性，并据此改进了前辈学者的光速测定结果。1729年1月，布拉德雷在皇家学会公布了这一发现。

地球并非静止不动，这是光行差现象从另一个角度提供的证据。古希腊的天文学家阿利斯塔克也认为地球在运动，但他缺乏可靠的证据，光行差现象使开普勒的理论更加严谨。与光行差相比，视差的影响要小得多，以至于天文学家们相信，天龙座 γ 星距离地球比人类想象的要远得多。

另一个是章动现象。玩过陀螺的人都知道，当陀螺的自转角速度不够大时，则除了自转和进动，陀螺的对称轴还会在铅垂面内上下摆动（或波动）。这种现象就叫章动（nutation）。依此类推，宇观世界也应该存在这种情况。天文学家后来陆续发现了宇宙空间中存在章动现象。

布拉德雷首次发现了地球的章动。从1728年开始，布拉德雷为了观测光行差，详细给已知星空定位。他在观测中发现，恒星的赤纬除光行差外还有一些微小的变化，这显然是由地球自转轴有微小的周期性移动所致，布拉德雷把这叫作地球的章动。布拉德雷认为，月球和太阳对地球各处的引力并不均衡，这正是地球章动产生的原因。

相对于月亮和太阳，地球的位置呈现周期性变化，这自然会使它所受到的来自月亮和太阳的引力作用产生周期性变化，结果，地球自转轴的空间指向就会发生缓慢移动而产生岁差，此外，还应考虑地球微小的周期振动（即地球的章动）。

为了提高观测结果的可靠性，在观测恒星时，布拉德雷不敢有丝毫闪失，他将观测精确到了2弧秒，尽管这样，还是没有观测到恒星的周年视差，只有一个结果可以解释此现象，恒星实在是太遥远了。

1748年2月14日，布拉德雷在英国皇家学会公布了他的研究结果，对光行差和章动现象做了详细分析。也是在那一年，布拉德雷获得了科普利奖章。

布拉德雷早年就读于牛津大学，工作之后很快就显示出了卓越的数学思维和天文学才能，物理学家牛顿和天文学家哈雷曾帮助过他。

布拉德雷是皇家学会会员，且先后担任过牛津大学天文学教授和第三任格林尼治天文台台长。

由于涉及著作权的问题，布拉德雷的观测记录直到 1798 年和 1805 年才分两册出版。法国天文学家让·德朗布尔（Jean Baptiste Joseph Delambre，1749—1822）在其六卷本的《天文学史》中高度赞扬了布拉德雷的这两大发现。天文学家弗里德里希·威廉·贝塞尔（Fridrich Wilhelm Bessel，1784—1846）使用布拉德雷的观测结果，制成了更加准确的星表。

二、威廉·赫歇尔：在恒星云雾中穿梭

18 世纪，观测天文学取得了长足发展，许多天文学家为此做出了重要贡献，威廉·赫歇尔（Friedrich Wilhelm Herschel，1738—1822）或许是他们中最出色的一位。

1. 音乐天赋

1738 年 11 月 15 日，赫歇尔出生在德国中北部的汉诺威城（Hanover）。他父亲是汉诺威军队里的一位乐师。环境熏陶加上个人天赋，赫歇尔从小就表现出了很好的音乐才能。14 岁时，赫歇尔就参军并当了军乐队的小提琴手。可能是不适应军旅生活，18 岁那年，赫歇尔远离家乡到了英国。

赫歇尔在英伦三岛的日子并不好过，他最初的谋生手段就是音乐，靠街头演奏的微薄收入勉强糊口。若干年后，日子渐渐好起来。

以常人的标准衡量，赫歇尔的音乐天赋和音乐成就也不一般，但和他后来的天文学造诣相比，就有天壤之别了。

18世纪60年代，英国教会需要招募一批风琴师。那时候，赫歇尔还在街头演奏，对于靠音乐混日子的赫歇尔来说，这个机会非常重要。于是，他参加了竞争激烈的竞聘。赫歇尔很聪明，他发现当时英国教会引进的风琴与欧洲大陆的风琴相比有一个缺陷，那就是缺少控制低音部的踏板，为了弥补这一缺陷，赫歇尔对两个低音琴键进行了改动，结果演奏出了通常需要低音踏板的配合才能演奏出的低音部。这使他轻易赢得了教堂的风琴手职位。

1766年，赫歇尔迁居到了英国西南部一个名叫巴斯（Bath）的小镇，在一座教堂担任风琴演奏师。这时候的赫歇尔已经不为经济问题所困扰，生活相对安逸，在那里一住就是十几年，日子过得有滋有味。

巴斯小镇以风景美丽著称。在巴斯期间，赫歇尔的音乐造诣也越来越深。除风琴演奏外，他还担任了当地音乐会的总监，并开班讲授音乐课程，收入颇丰。有了坚实的经济基础，他把妹妹卡罗琳·赫歇尔也接到了巴斯。

那时候的赫歇尔已经是小镇上知名的音乐家了，恰恰在这个时候，他潜心学起了数学。后来，又因学数学而接触了光学，因接触光学而又对天文学产生了浓厚的兴趣，最终走上了一条业余天文学家的成才之路，成为世界著名的恒星天文学家，也引领了18世纪观测天文学的发展。这是不是有些歪打正着的意思呢？对于一位举足轻重的科学家来说，这真的是一段令人钦羡的人生经历啊。

2. 制作望远镜

对于赫歇尔来说，音乐或许只是一种谋生方式，他的爱好是读书和看天，他读的书很多，在他的书单中，尤其以数学和天文学为多。

《论语·卫灵公》中有句话："工欲善其事，必先利其器。"对于天文观测来说，必需的工具（即所谓的器）就是望远镜。赫歇尔要研究天文，就必须观测天象，而观测天象就需要一台好的望远镜。由于当时好一些的望远镜非常昂贵，赫歇尔就决定自己动手制作。

17世纪初，世界上有了第一架望远镜。对这一伟大发现，伽利略比别人更加敏感，他在很短时间内就自己制作出了望远镜。他的望远镜在结构及放大倍率方面比同时代的人制作的都要好。

伽利略也是最早将望远镜用于天文观测的人。正是从望远镜里，伽利略发现了月球上的环形山，发现了太阳黑子及木星的四颗卫星。在当时，这一系列天文发现都是前所未有的。不过，伽利略所用的望远镜是折射式望远镜，这种望远镜由于透镜（主要是物镜）所具有的色差等因素难以达到很高的放大率。

物理学家牛顿也对望远镜的改进做出了重要贡献——反射望远镜就是他发明的。在反射望远镜中，牛顿用反射面代替了折射望远镜中的物镜，从而避免了透镜色差带来的干扰。那时候，伽利略已经去世很久了。在牛顿反射望远镜的基础上，赫歇尔对望远镜做了重要改进，其反射面不再使用玻璃，而是用金属代替。为了制作望远镜，赫歇尔把自己在巴斯的住所改造成了望远镜的加工作坊，这个作坊就是赫歇尔梦想开始的地方。

为了选择制作望远镜反射面的材料，赫歇尔先后试验了多种不同成分的金属合金，最后选择用71%的铜与29%的锡组成的合金，作为制作望远镜反射面的材料，筛选过程的艰辛可想而知。他几乎把所有房间都当作了加工车间。

制作望远镜的主要任务就是磨制镜头。磨制镜头不仅需要智慧，更是一项极为枯燥的体力工作。要把一块坚硬的镜盘磨成规定的极其光洁的凹面形，表面误差比头发丝还要小许多，中途还不能停顿，其难度可想而知。失败是常有的事情，有时候甚至达上百次，以至于他的助手都坚持不下去，黯然神伤地离他而去。

磨制好镜头，架起望远镜后，赫歇尔将它对准天空，仔细地搜寻天上的一切。其实，他的最大愿望是发现恒星的周年视差，这也是当时几乎所有天文学家想做的事情。在他之前，伽利略就提出过一个观测恒星周年视差的设想，在他的设想中，把那些成双成对的恒星作为观测的对象，看它们相互间有没有位置的变化。这些成对的恒星虽然挨得很近，但亮度不同，因此成为首选研究对象。赫歇尔信心满满，准备大干一番。

1774 年，赫歇尔终于尝到了磨制镜头带来的欢乐。那一年夏天，他制成了一架口径 15 厘米、长 2.1 米的反射望远镜，通过这架望远镜，他看到了更加清晰的天空立体图像。

4 年之后，赫歇尔的家庭作坊制作出了一架更好的反射望远镜，其直径为 6.2 英寸（1 英寸＝25.4 毫米），焦距为 7 英尺（1 英尺＝0.3048 米）。一系列测试表明，其综合性能已经超过了英国格林尼治天文台最好的望远镜，也是当时世界上最好的天文观测设备。

3. 巡视天空

1781 年 3 月 13 日晚，赫歇尔开始巡视天空，记录每一个选定天区的恒星及其分布情况。赫歇尔像往常一样，将望远镜对准金牛座，在那一片恒星云雾中搜寻。这时，一颗像星云状的星星出现在视野内，起初，赫歇尔以为它是恒星或彗星。不一会儿，这颗星呈现出清晰边界，是一个圆形，这意味着它不是一颗恒星，因为遥远太空里的一颗恒星不可能呈现这样的面貌。在望远镜里，恒星只有亮度的变化。

赫歇尔一连多天锁定这颗星，几天之后，发现这颗星相对于周围的恒星出现了位移。这是至关重要的一个发现，这一发现也表明，这颗星并不遥远，它就在太阳系里。

一个月之后，赫歇尔完成了论文《关于一颗彗星的报告》，并把论文提交给了英国皇家学会。在论文中，他介绍了这颗新星的位置和特点，在论文的结尾部分还特别提出，希望各国天文学家继续对它进行观测。

赫歇尔的这篇论文在学术界引起了强烈反响，这颗不凡新星吸引了许多天文学家的目光，他们继续跟踪观测。天文学家对这颗"彗星"的运行轨道进行了计算，结果表明它沿着近似圆形轨道运动，这与通常彗星的运行轨道大相径庭，当时就有天文学家提出"这是否是一颗新行星"的疑问。

经过一段时间的质疑和探究之后，他才最终确定它的确是太阳系里的一颗行星。像太阳系已经发现的五大行星的运行轨道一样，这颗星的运行轨道也是一个近似的圆。赫歇尔最终确定这是太阳系内的又一颗行星。

赫歇尔随即以乔治三世的名字命名了这颗新行星——"乔治星"，以表达对乔治三世的敬意。但是，英国人热爱神话传说，后来还是用希腊神话中的天神"乌拉诺斯"〔其英文名称 Uranus 来自古希腊神话中的天空之神乌拉诺斯（Οὐρανός），是克洛诺斯的父亲，宙斯的祖父〕的名字命名了太阳系的这个新成员，翻译成中文就是"天王星"。

在天文学发展史上，这是一个历史性事件，它不仅为赫歇尔赢得了荣誉，也将观测天文学带入了一个新时代。这件事对于赫歇尔来说，有一些"无心插柳"的意思。天王星的发现再一次扩展了太阳系的疆域，也突破了千百年来人们头脑中的传统观念，在探索宇宙的道路上，这只是人类迈出的一小步，但可能是十分重要的一步，它有助于人类进一步认识太阳系的真面目，甚至还会起到某种解放思想的作用。1781年秋天，赫歇尔当选为英国皇家学会会员，并被聘为宫廷天文学家。这说明他不仅得到了社会的认可，也获得了应有的尊重和地位。

几年之后，一架性能更好的望远镜试制成功，这架望远镜的焦距为 6.09 米、口径是 51 厘米，天王星的两颗卫星（天卫三和天卫四）就是用这架望远镜发现的。赫歇尔的故事不仅打动了社会大众，也打动了英国王室。英王乔治三世非常高兴，拿出了 4000 英镑的私房钱捐给了赫歇尔，帮助他建造一台大型反射望远镜。有了充足的资金支持，赫歇尔信心大增。经过 3 年多努力，终于在 1789 年制造出了当时世界上最大的望远镜：它的镜筒直径达 1.5 米，差不多要 3 个人才能合围；镜筒长 12.2 米，竖起来有 4 层楼高；而镜头重达 2 吨。在望远镜安装好的第一夜，赫歇尔发现了土星的第一颗卫星——土卫二，两个月后又发现了土卫一。

对宇宙结构的理解大概是每一位天文学家的愿望，赫歇尔也不例外。为了搞清楚宇宙的构造，他不遗余力，曾花了大量的时间观测、计数天上的恒星。

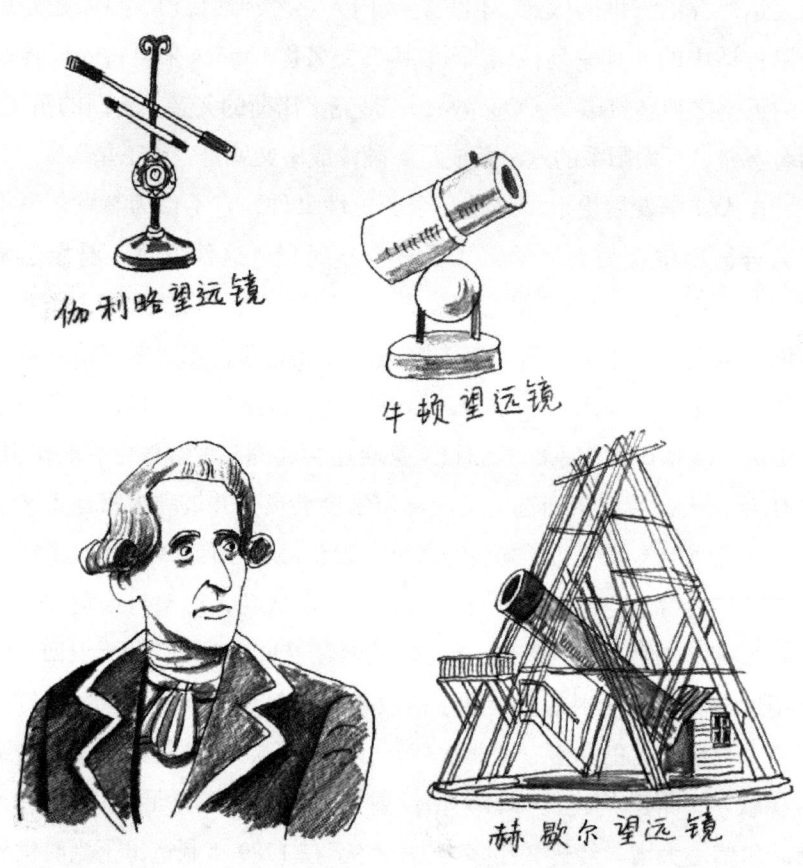

天文学家威廉·赫歇尔

为了不让一颗星漏网，他把天空分为 683 个区域，用望远镜仔细地巡查，一颗一颗数出各个方位上能看到的恒星，共计 117 600 颗恒星，在此基础上，绘制出一幅整体图像，这就是天文学界的第一幅银河系结构图。

　　计数天上的恒星其实是非常枯燥和单调的，但赫歇尔坚持了几十年。几十年来，通过对大量恒星的观测证明了银河系的存在，并探知了银河系的形状、结构与大小，由于当时的条件限制，他的一些结论并不完全正确，但也告诉了人们银河系的轮廓，启发后来的天文学家探索。他所记录下来的星团与星云多达 2500 个，并发现了一种新的天体，即行星状星云。赫歇尔是开创银河系研究的先行者，被人们誉为"恒星天文学之父"。

　　赫歇尔的另一个贡献是对双星的研究。他不断记录着所发现的双星，并对此进行持续的观测。1782 年，他发表了包含 227 对双星的星表。两年后双星的数目增加到了 434 对；1821 年，又增添了 145 对。他一生中发现了 848 对双星，双星的存在和相互绕动证明了万有引力在宇宙空间普遍存在。原来，维系双星和引起苹果落地的力是同一种力，而双星的运动则遵循开普勒定律。这些形影不离、互相绕行着的双星也将人类的想象引向遥远的太空深处。

　　恒星的固有运动也引起了赫歇尔的注意，他通过计算推测，我们的太阳系正以每秒几十千米的速度朝着武仙座与天琴座毗邻的方向疾驰。这意味着，在银河系中，太阳也是运动着的一颗恒星。

4. 家庭生活

　　简单提一下赫歇尔的家庭和个人生活。他早年间生活艰辛。那时候，音乐是他唯一的生存手段，其实赫歇尔在音乐方面也取得了不俗成绩。他所创作的音乐作品包括奏鸣曲、协奏曲、田园诗和交响曲，而且旋律优美，韵味绵长。后来，他将天文研究作为自己的终生事业，取得了非凡的成就。因此，有人戏称赫歇尔是世上少有的"音乐界和天文学界的双星"。

据有关文献记载，到 50 岁时，赫歇尔才结婚，太太名叫玛丽，据说是一位非常富有的寡妇，她非常支持赫歇尔的工作。

他的儿子约翰·赫歇尔（Sir John Frederick William Herschel，1792—1871）也是著名天文学家，而且还是英国皇家天文学会的创始人之一（1821 年，赫歇尔父子共同创建了皇家天文学会，威廉·赫歇尔是第一任会长），光他发现的双星就多达 3347 对，他还发现了 525 个星团或星云，记录了南天的 68 948 颗恒星。1849 年，他亲自撰写了《天文学纲要》，这部著作是对当时天文学研究成果的最好总结，深刻影响了后世的天文学发展。除此之外，他还是数学家、化学家和富有创见的摄影师。

赫歇尔的妹妹卡罗琳·赫歇尔（Caroline Herschel，1750—1848），一生对天文追求也很执着。赫歇尔在英国稳定后，就把妹妹卡罗琳从汉诺威接到英国。此后的几十年，卡罗琳与哥哥朝夕相处，共同磨制镜片和观测天象，成为哥哥事业上的重要帮手，而且很有成就。她一生共发现了 14 个星云与 8 颗彗星，还参加了星表的修订。1848 年，卡罗琳去世，差两岁就是 100 岁了。

1822 年 5 月 25 日，赫歇尔与世长辞。不知是偶然碰巧还是自然安排，他的寿命正好就是他所发现的天王星绕太阳公转一周的时间（84 年）。

5. 留住黄金岁月

总体来看，赫歇尔人生之路的选择，不仅成就了自己的那一片绚丽世界，也成就了 18 世纪天文学界的一段黄金岁月。

天体力学体系由牛顿奠定，并经欧拉、拉格朗日、拉普拉斯等天文学家改进和发展成型，展示了灿烂的前景。当时，许多天文学家沉溺其中，通过计算各种已知天体的轨道，以检验牛顿力学的可靠性，同时也为经纬度及时间的确定提供参照。不过，这些工作在一定程度上偏重于验证性的计算，却忽视了探索性的观测。和他们相比，赫歇尔的工作就显得特别重要了。

从 1773 年起，到 1822 年去世，50 年来，赫歇尔一直跟望远镜打交道。他一辈子都致力于改进和制造新的望远镜。赫歇尔是制作望远镜的高手，也是制造望远镜最多的天文学家之一，他一生制作的望远镜多达几百架。

三、恒星周年视差的发现

恒星视差是近代以来天文观测的重要内容，也是恒星际尺度的视差，通过视差可以直接测量出一颗恒星与地球的准确距离。但因为恒星视差的测定太难，到 19 世纪初，才取得一定突破。

天文学家在地球轨道上不同的位置，就可以观测到近距离的恒星相对于遥远天体移动的不同位置，进而得到视差，再通过观测视差和测量天体的位置，利用数学工具计算出不同恒星的空间距离。

在理论上，一个天体的距离（以秒差距测量）是视差值（以角秒测量）的倒数。但几乎所有的恒星都非常遥远，因此测量的角度都非常小，这正是恒星视差测定太难的根本原因。

恒星视差常用周年视差来表示。恒星周年视差的定义是从地球和太阳看见的恒星位置在角度上的差异，也就是一颗恒星在地球绕太阳轨道平均半径对角上的差别。1 秒差距（3.26 光年）的定义是周年视差为 1 角秒的距离。周年视差一般是观察在一年的不同时间里，通过地球在轨道上移动测量的恒星位置。

地球每年绕太阳公转一周，地球上的观察者就会看到较近的恒星相对于较远的恒星背景产生周期性的位移，位移的方向与地球轨道的向径相平行。地球带着观察者一起围绕着太阳公转的结果，就是观测者的位置每时每刻都在发生移动，当他们观察遥远恒星的时候，实际看到的是恒星在天球上位置的改变，我们把在太阳上观测的恒星在天球上的位置作为它的平均位置，从地球上观测到的恒星的实际位置同这个平均位置比较，总是存在一定程度的偏离。当地日连线与星日连线相互垂直时，同一恒星的视差位移就达到极大值，这个极大值就是该恒星的周年视差。

我们知道，当地球在绕日轨道上运动时，与更远的恒星相比，较近的恒星移动的距离更大。这就是恒星周年视差现象存在的依据。当人们以地球绕太阳的轨道直径作基线，在轨道相对的两端以半年的间隔进行观测，可观测到恒星的视差。只是恒星和地球间的距离同地球的轨道直径相比实在是太大了，结果造成视差太小，单凭肉眼无法测出。

牛顿力学大厦的建立为"日心说"提供了有力支撑，但有一个问题还困扰着人类，那就是恒星的周年视差。根据哥白尼理论，恒星的周年视差肯定存在，可还没有哪个天文学家观测到这一现象。

英国著名天文学家布拉德雷当初最大的梦想就是观测恒星的周年视差。不过后来，布拉德雷没有发现恒星的周年视差，却歪打正着地发现了光行差，他所达到的精度相当于在10千米远的地方看一根米尺，对恒星的周年视差来说，这个精度还远远不够。

1834年，德裔俄国天文学家斯特鲁维（Struve，Friedrich Georg Wilhelm，1793—1864）花了三年时间用自己新制的天文望远镜观测天空中第四亮的织女星（即天琴座阿尔法星），他发现织女星有0.25角秒的周年视差，虽然存在一定误差，但考虑到织女星距离地球远达27光年，也已经很不容易了。

差不多同一时期，德国天文学家贝塞尔（Friedrich Wilhelm Bessel，1784—1846）使用一种叫作量日仪的新仪器测量两个恒星之间的距离，并注意这些距离的变化，终于成功地测出了一个恒星的视差。

贝塞尔将目光锁定在天鹅座的一颗小星（即天鹅座61星）上。他之所以选定这颗星，是因为这颗星相对于其他恒星背景每年都显示出特别大的自行（注：天文中的自行运动是指一颗星在消除非自行运动之后于天空中位置的变化，即与视线方向垂直的运动。非自行运动不是天体本身的真实的运动，而是会影响观测天体位置坐标值的某种因素造成的，这些因素主要有周日运动、视差、春分的岁差、章动和光行差），它一定比其他恒星离我们近。不过，恒星的自行与这颗恒星相对于背景的前后移动是两回事，后者表示的才是视差。

贝塞尔选取了一颗位置相对固定的恒星作为基准，测定天鹅座61号星连续移动的位置，持续观测了一年多时间。在观测天鹅座61号星的视差时，贝塞尔以地球轨道的直径为基线。1838年，贝塞尔提交了一篇观测报告，报告指出天鹅座61号星的视差为0.31角秒，这相当于把一枚5分硬币放在16千米远处观看时的视角。这表明天鹅座61号星距离地球约11.4光年，这个距离大概是太阳系宽度的9000倍。因此，即使和最近的恒星相比，太阳系也像是空间的一个小点。

继贝塞尔之后，英国天文学家亨德森（Henderson，Thomas，1798—1846）成功地测量了半人马座a星的视差，结果表明，半人马座a星的视差约为四分之三角秒，也就是说，它的距离是四光年稍多一些。因此，它比天鹅座61号星距离地球更近。半人马座a星是天空中第三亮的星，该星位于南天低空处。实际上，它距离太阳系只有4.3光年，是我们太阳系最近的恒星邻居。人们也把它叫作比邻星。它与地球的距离是日地距离（一个天文单位，A.U.）的272 000倍。

打个比方，大家就知道我们的地球和太阳系在宇宙中的大小了。如果把有限的宇宙空间成比例缩小，使地球和太阳之间的距离为1米，那么太阳就相当于一粒直径约1厘米的小球，几大行星几乎变成了肉眼看不见的微粒，其中最远的冥王星距离太阳约40米远。而在270千米外，是离我们最近的比邻星。可见，在浩瀚宇宙中，太阳系也可以说只是很小的一部分，更别说地球了。正是在这个宇宙中微不足道的地球上，生活着意识和智慧高度发达的人类。

在恒星周年视差发现之前，虽然有诸多证据能够证明地球围绕着太阳运动，但还有不尽如人意之处。发现了恒星周年视差后，以地球为宇宙中心的想法就彻底失去了生存的土壤。恒星周年视差也提供了测定恒星与地球距离的一种方法。

四、纸上的预言：海王星的发现

1. 奠定基础

海王星的发现要从伽利略说起，1612年年底和1613年年初，伽利略借助自己的望远镜先后两次观测到了海王星。但由于观测的位置在夜空中靠近木星，伽利略误认为海王星是一颗恒星。

在天空中搜寻一颗不起眼的行星是非常难的一件事情，机会往往稍纵即逝。所以伽利略两次与海王星的发现失之交臂。从那之后，又过去了200余年，直到1846年，天文学家才在茫茫星海里找到了海王星，而且还是运用天体力学的理论，通过数学计算先从纸上预言，然后才被观测证实。

"日心说"问世之后，神学对人们思想的束缚开始松动，首先获得解放的是自然科学。17世纪初，天文学家开普勒提出了行星运动三定律；1687年，牛顿发现了万有引力。这些工作为天体力学的诞生提供了基本的理论支撑，天体力学又为计算行星的运动和位置奠定了基础。

2. 问题浮出水面

发现天王星（1781年）之后，天文学家开始利用天体力学这一工具来研究其轨道和运行情况。19世纪的天文学家已经能够准确地预报行星在某一时刻的位置。1821年，法国天文学家、巴黎天文台台长布瓦尔（Alexis Bouvard，1767—1843）发布了天王星的轨道表，随后的观测显示出天王星的实际位置与表中的位置有越来越大的偏差。

学者们越来越发现，天王星的实际运行轨道跟计算出来的轨道不相吻合。看来，用力学规律预测天王星未来的位置是有问题的。

天王星运行轨道的反常一时困扰着学术界，有人开始怀疑万有引力的普适性。有人说，牛顿定律对那些远离地球的天体可能不适用；也有人预言说，在天王星的外面，应该还有一颗行星，正是它的摄动作用，扰乱了天王星的运行节律，使天王星的运行轨道和根据天体力学计算的结果不一样。有此想法的天文学家不止一人。发现恒星周年视差的德国数学家和天文学家贝塞尔就是其中之一。

当然，最好的办法是直接观测，如果能从天文望远镜中找到这颗行星那就好了。可是，在遥远天边搜寻如沧海一粟的一颗行星无异于大海捞针。

3. 亚当斯和勒威耶的卓越计算

1841年7月，在剑桥大学读书的 J. C. 亚当斯（John Couch Adams，1819—1892）开始对这颗天外行星运行轨道和距离进行研究。1843年年末，亚当斯得到了这个未知行星的初步结果，那时候，他已经是剑桥大学的研究生了。

两年后，亚当斯推算出该假设行星的轨道、质量和当时的位置，随后他把计算结果和论文寄给了英国格林尼治天文台台长艾里（George Biddell Airy，1801—1892），请求他用天文台的大型望远镜来观测这颗行星。名气很大的艾里根本就没有把亚当斯的研究结果当回事，他连看也没看，就把亚当斯的计算结果束之高阁。

几乎在同一时间，法国巴黎工艺学校的青年教师勒威耶（Urbain Jean Joseph Le Verrier，1811—1877）对天王星运行轨道和位置的异常现象也有浓厚兴趣，1831年，勒威耶毕业于巴黎工艺学校，毕业后从事化学工作，在盖-吕萨克的实验室当实验员，但勒威耶的兴趣和关注点是天文学。

1837年，勒威耶回到母校做了一名天文教师，致力于天体力学研究，用数学分析这一工具考察太阳系的行星运动。因为这一研究，他结识了法国著名科学家、巴黎天文台台长阿拉戈（Dominique Fransois

Jean Arago，1786—1853）。

  1845年，勒威耶开始天王星运行轨道的理论研究，阿拉戈建议他重点考察天王星运动轨道的反常问题。正是因为阿拉戈支持勒威耶对天王星运动反常的研究才促使了海王星的发现。

  勒威耶认为，在天王星的外侧，很可能还有一颗未知行星，正是它的引力作用才使天王星的运动受到干扰（即天文学上所谓的摄动），结果表现出运动轨道的反常现象。勒威耶利用已有的天王星观测资料，运用万有引力定律，通过求解一系列数学方程，于1846年8月31日计算出对天王星起摄动作用的未知行星的轨道和质量，并且预测了它的位置。

4．伽勒用望远镜找到了海王星

  勒威耶的计算结果有些冒险，他把研究报告寄送给了法国科学院，寄希望于著名天文学家的指点，也希望天文观测家去发现。或许是当时的法国没有那一天区的星图，或许是那些观测天文学家反应迟缓，他们没有及时在天空中搜寻和辨认。

  勒威耶同时将论文寄给了柏林天文台的天文学家伽勒（Galle Johann Gottfried，1812—1910），那时候，伽勒刚刚获得博士学位。勒威耶在信中写道："请您把望远镜指向黄径326度处，在距离宝瓶座内黄道约1度的区域内，你将会发现一个圆面明显的新行星，它的亮度大致为9等。"

  1846年9月23日，也就是伽勒收到勒威耶来信的当天晚上，就把望远镜对准了勒威耶所说的天区，他仔细搜寻和记录视阈内的每一颗星，并将结果与已知星图进行比较，果然在勒威耶预言的位置以外52角秒处观测到了一颗星，而这颗星是当时的星图上所没有的。为了谨慎起见，伽勒第二天晚上又做了观测，发现这颗星移动了70角秒，与勒威耶预言的每天移动69角秒相吻合。

  伽勒欣喜若狂，对于一位天文学家来说，发现一颗新行星绝对是事业上的重要里程碑。海王星的发现使伽勒一夜成名。

伽勒立即给勒威耶回信，他在信中说："尊敬的勒威耶先生，祝贺您，在您所指出的位置上确实存在着一颗行星，我找到了您在信中所预测的这颗行星。在我收到您的来信当天晚上，我就发现了这颗星，它是 8 等星，第二天的观测进一步证实它就是那颗您已经预测过的行星。"

接到伽勒的回信后，勒威耶比伽勒还要激动。这件事情真的是太不可思议了，柏林天文台的望远镜竟然看到了巴黎数学家在纸上计算出来的一颗行星。在某种程度上，这要比化学家门捷列夫预言一种新元素的性质，后来由别的化学家通过实验证实这一故事还要激动人心。勒威耶和伽勒的工作使人们进一步认识到科学理论的预言价值，也显示了万有引力的普遍存在。

当德国天文台发布了发现海王星的消息后，最感不安的是英国格林尼治天文台台长艾里，他想起了一年前亚当斯寄来的计算结果，急急忙忙地从书架上找到了亚当斯的计算结果和论文，才知道亚当斯早就给出了同样的预言。艾里马上发表了亚当斯的论文，算是对自己失误的一个补救，到这时，英国的青年科学家亚当斯才为人们所注意。

5. 天体力学真的很神奇啊

海王星的发现是那一年全世界最轰动的新闻，它比天王星的发现更有戏剧性和传奇色彩，因为它不是观测天文学家偶然发现的，而是数学家"纸上的预言"。

海王星的发现再一次验证了万有引力定律的正确性。由于海王星的发现，英国皇家学会授予勒威耶柯普利奖章。随之而来的问题是，到底是谁最先发现了海王星。海王星的发现权也成为英法两国争议的话题，就像两个人之间的争论一样。

与此相关的就是命名问题，伽勒是第一个建议为这颗新行星取名的人，他建议的名称是 Janus（罗马神话中看守门户的双面神），阿拉戈建议将这颗新行星命名为"勒威耶星"，勒威耶却比较低调和明智，他建议沿袭希腊罗马神话中用某个神的名字命名行星的传统，因此，这颗新星就被命名为耐普顿（Neptune），意即海洋之神，翻译成中文就叫海王星。因为在望远镜中，这颗行星呈现出淡蓝色的微光，天文学家斯特鲁维支持勒威耶建议的名称，命名问题就此取得共识。

后来，天文学家又发现了海王星的摄动反常现象。美国天文学家洛韦尔（Percival Lowell，1855—1916）相信这起因于海王星之外的另一颗行星。1915 年，洛韦尔计算了这颗行星在天空可能的位置，并做了相应预言，但洛韦尔从未找到过它，到 1930 年，美国天文学家汤博观测到了这颗星。这颗新行星取名冥王星（Pluto，是希腊神话中冥界之神）。只是这些结果洛韦尔已经看不到了。

五、寻找冥王星的寂寞旅程

1. 洛韦尔和皮科林的计算及预言

海王星虽然已被发现，但天王星运动轨道的歧异现象仍未得到解释，观测发现，其实际轨道与计算轨道仍有偏离，这让天文学家深感困惑。不仅是天王星，海王星的运动轨道也有类似的异常现象。针对这些问题，美国天文学家洛韦尔认为，海王星之外一定还存在另外一颗行星，正是它的摄动才导致了天王星和海王星运动轨道的歧异。

洛韦尔根据这颗行星对天王星和海王星的影响计算了它在天空中的可能位置。洛韦尔当时并不清楚，他要寻找的那颗行星实在是太小了，以至于它对天王星和海王星运动轨道的摄动也很微弱，这是造成他计算不可靠的重要原因。尽管如此，洛韦尔决心还是很大，他致力于寻找这颗未知行星（他称其为 X 星），但最终未果。

另一位叫皮科林（William Pickering，1858—1938）的美国天文学家也预言过太阳系第九大行星的存在。不过他的预言也仅仅停留在预言阶段，因为他做出预言的依据（数学计算）也存在一定问题。

晚年的洛韦尔非常寂寞，探索宇宙的热情也一落千丈。这主要是因为他的预言（包括火星运河、季节更替和智慧生命的预言）逐一落空。"梦想没有成真"才是一个人灵魂深处真正的失败。1916年，洛韦尔带着无尽遗憾离开人世。他不知道，他的接班人正在走来。

2. 汤博终于找到了冥王星

16年后，美国天文学家汤博（Clyde William Tombaugh，1906—1997）将不同夜晚拍摄的星空各部位的照片逐一进行比较，以寻找在固定位置的星星背景中移动的物体，1930年2月18日，汤博终于从这些照片中找到了人们盼望的冥王星，也算是对洛韦尔和皮科林当初预言的一个安慰。

虽然皮科林当初预言海王星之外未知行星的计算不可靠（包括洛韦尔的计算），但皮科林用照相的方法去搜寻这颗遥远行星的主张启发了汤博。皮科林认为，每隔几天就对同一天区进行拍照，有位置移动的天体就会从前后两张底片上找出来，就能够辨认出未知行星。

来自堪萨斯州一个小农庄、只有中学文化程度的汤博从小喜欢看星星，由于家境贫寒，汤博自制了一架望远镜进行天文观测。一个偶然机会使他来到洛韦尔天文台，成为天文台的一名观测者。汤博非常珍惜自己的这份工作，利用自己制作望远镜的技术和经验，帮助天文台装配了一架33厘米的反射式大体照相仪。

由于预言的未知行星位置很不可靠，汤博只能沿黄道带有计划地系统拍照。1930年1月的那些夜晚是汤博的不眠之夜，因为他拍摄到双子座附近的天区有一颗未知的新行星。这正是天文学家洛韦尔和皮科林曾经预言过的太阳系第九颗大行星。汤博利用闪视比较仪（blink comparator），有计划地对不同夜晚巡天拍摄的同一天区星空的照片进行比较，以寻找在星空背景中移动的天体。

1930年2月18日，汤博在1月18日与23日在双子座天区拍摄的两张照片的对比中发现了那个在星空背景中移动的天体，它很有可能是一颗未知新行星。为了谨慎起见，天文台的几位资深天文学家和斯莱弗台长立即对该天体做进一步的观测证实，结果确实是这样。

1930年3月13日，洛韦尔天文台正式对外宣布发现了一颗海外行星，它成为太阳系第九大行星。这一天正是洛韦尔诞辰75周年，而在149年前的同一天，德国天文学家赫歇尔发现了天王星。真的是无巧不成书啊。

一时间，给这颗新星命名成了全世界关注的热门话题，专业天文学家和业余天文爱好者提出的候选名称越来越多。几个星期后，洛韦尔天文台经过慎重考虑，决定用罗马神话中地狱之神的名字普鲁托（Pluto）命名这颗行星。让人侧目的是，提出这一名称的是一个对古希腊罗马神话感兴趣的11岁英国小女孩。在汉语中，就把Pluto译为冥王星。

冥王星的发现让美国科学界信心大增。在沉寂了很多年之后，美国天文学家终于找到了属于自己的科学自豪感，大概同时也找到了一种文化自豪感吧。

3. 归宿在何方

发现冥王星是汤博一生最重要的贡献。由于这一贡献，堪萨斯大学和北亚利桑那大学授予他天文学学位，对一个只有中学文化程度的年轻人来说，这就是梦想和理想的实现。1955年，汤博来到新墨西哥州立大学，在那里任教直到退休。除了冥王星，汤博还发现了14颗小行星。其中有一颗小行星就是以他的名字命名的。1997年1月17日，汤博去世。

2006年1月19日，美国国家航空航天局（National Aeronautics and Space Administration，NASA）的"新视野号"（New Horizons）探测器开始了飞往冥王星的旅程，这一年也是汤博的100岁诞辰。飞船上除了满足研究所需要的科学仪器，还搭载了汤博的部分骨灰，算是对这位天文学家的最好纪念。

"新视野号"探测器的神圣使命是揭开冥王星的神秘面纱和探索冥

王星轨道以外的天体，之后将飞往太阳系边缘，在奥尔特云际徘徊。

奥尔特云（Oort cloud）是处在太阳系边缘却包围着太阳系的一层云团，距离太阳50 000～100 000个天文单位，最大半径差不多一光年，这个距离相当于太阳与最近的恒星比邻星距离的1/4。天文学家普遍认为，奥尔特云是50亿年前形成太阳及其行星的星云的残余物质，那里有许许多多不怎么活跃的彗星。

也许有一天，"新视野号"探测器终会飞出太阳系，成为宇宙深处的探索者和巡游者。

第十五章

水星：充满悬念的行者

在太阳系八大行星中，水星（英语：Mercury，拉丁语：Mercurius）是离太阳最近的一颗，它的轨道与其他行星稍有不同。地球和金星的运动轨道近似圆形，而水星的运动轨道呈明显的椭圆形。

自从冥王星被从太阳系九大行星中降级后，水星就是太阳系最小的一颗行星。水星的天文符号是☿，看起来是不是有点怪怪的？

从这一章开始，笔者陆续介绍太阳系的几大行星和矮行星（冥王星），希望从它们的物质构成、基本特征和演化情况了解我们身边的天体，在一定程度上还涉及它们的过去和未来。

一、从传说开始

有这样一个故事，2000多年前，在巴尔干半岛的一片旷野上，有几个牧羊人跟着羊群逐水草，他们白天与羊群为伍，夜晚与星星为伴。时间一长，他们就发现，在晨光朦胧之际，地平线上方的天边有时会出现一颗星星。与多数星星不同的是，那颗星星的位置会一天天的变化，有时候甚至会连续好多天不出现。他们就把这颗出现在黎明时分的星星叫作"晨星"。而在日落西山、暮色四合之际，天边也会出现一颗星星，它的位置也随时日而变化，有时候也会连续好长时间不出现。他们就把那颗出现在黄昏时分的星星叫作"昏星"。

在巴尔干半岛，神话传说由来已久，生活在那里的人们就用希腊和罗马神话中的太阳神阿波罗（Apollo）表示晨星，而昏星的名字就用希腊和罗马神话中的信使赫耳墨斯（Hermes）或墨丘利（Mercury）表示。

很多年后，这些牧羊人意识到所谓的"晨星"和"昏星"实际上是同一颗星星，只是出现在不同时间和不同位置而已。据说古希腊科学家和哲学家毕达哥拉斯最早发现了这一秘密。

在天空中的众多星星中,这颗星星神秘莫测,日夜穿梭,位置变化明显,就像是星空使者。再后来,爱琴海两岸的希腊学者达成共识,就用信使墨丘利(Mercury)命名了这颗星。中国人把它叫作水星。

二、揭开神秘面纱

水星是 4 颗类地行星(terrestrial planets)之一,与地球相似的地方是,它也是一个岩石质行星。水星的赤道半径是 2439 千米,其体积甚至比木卫三、土卫六还要小。水星离太阳最近,它和太阳的平均距离是 5790 万千米,约为日地距离的 0.387 倍(0.387 个天文单位),迄今为止,还没有发现比水星更靠近太阳的行星。

在近日点(perihelion)时,水星与太阳的距离是 4597 万千米,远日点(aphelion)时是 6977 万千米,两者相差 2380 万千米。水星绕太阳公转轨道的偏心率是 0.206。太阳系诸天体中,除冥王星外,要算水星的轨道最扁了。

最近的计算机模拟结果告诉我们,在今后几十亿年间,水星运动轨道的偏心率将变得更大,其后果是其与太阳或金星发生撞击的概率进一步增大。同时,外侧行星引力场的作用将会引起水星轨道运动的紊乱,紊乱的轨道运动进一步使内太阳系(注:内太阳系指太阳系中太阳和小行星带之间的区域,包括太阳、水星、金星、地球、水星)其他行星的轨道发生异动,最严重时可能导致一场影响地球生命演化的宇宙灾难。

水星的亮度并不低,最亮时的视星等达 -1.9。但由于水星离太阳太近,观测变得不容易,地球人想看清水星的"庐山真面目"就很困难。由于观察者的视角相对较小，水星经常被淹没在耀眼的阳光中。即使在最宜观察的条件下，也只是在日出之前或日落之后，我们才有可能一睹它的芳容。当然，生活在地球不同纬度的人看到的效果又不一样。一辈子没见过水星的人也不在少数。

三、大气最少

水星只有非常少的大气，大气的主要成分是氦，因为缺乏大气调节，距离太阳又非常近，所以在太阳的烘烤下，水星向阳面的温度最高时可达430℃，但背阳面的夜间温度可降至-160℃，昼夜温差近600℃，在太阳系诸行星中，水星可称得上是行星表面温差最大的了。温度高低还与水星离太阳的距离有关，在远日点时，最高温度不会超过300℃，在近日点时的温度却高达430℃。

水星的环境真的是非常严酷。水星极其稀薄的大气主要是从太阳风（solar wind）中俘获的，或主要由太阳风带来的电离原子构成。因此，其稀薄大气中的主要成分为氦就不难理解了，此外，水星大气中还含有少量电离态的碱金属和碱土金属。水星温度如此之高，使得这些电离原子迅速散逸至太空中，所以，与地球及金星稳定的大气相比，水星的大气常常更新换代。

离太阳最近的特殊环境造就了水星今日的面貌。在太阳的强烈辐射和轰击下，极其稀薄的水星大气被向后压缩并延伸开去，在背阳处形成一个"尾巴"，就像一颗巨大的彗星。组成水星大气的分子和原子很可能不断离开水星，逸散到太空中，结果使水星自古至今都在不断损失其大气成分。这是水星大气稀缺的重要原因，也是水星密度仅次于地球的原因之一。

由于缺乏大气层对光线的折射和散射，水星的天空在任何时候都是漆黑的。在水星漆黑的天空中，宇宙星河里的无数星星远比地球上清晰，金星很明亮，蓝色的地球在浩瀚宇宙中别具一格，在水星上也能轻而易举地看到地球的卫星月亮。水星之所以成为太阳系最暗的行星之一是因为其表面岩石吸收了大量太阳光，低的反射率（反射率只有8%）决定了其亮度。

四、密度和内部结构

水星的密度是5.427克/厘米^3，仅次于地球的密度（5.515克/厘米^3）。在太阳系八大行星中，水星的密度排第二。如果不考虑重力压缩对物质密度的影响，水星的密度就比地球高。地球的高密度特别是核心的高密度皆由重力压缩导致。水星的重力压缩非常小，这表明水星的内部不会被强力挤压。因此，它的高密度意味着其核心必然很大，且含有许多铁。

水星内核的大小远超我们的想象，其内核质量约占其总质量的60%，而地球内核质量约占地球总质量的30%多一些。一种观点认为，在太阳系的早期演化阶段，水星曾遭遇严重撞击，结果，一部分密度较低的外壳由于撞击而失去，留下了密度相对较大的部分。

水星和月球有类似的外观，内部却很像地球，也有类似于地球的壳、幔、核三级分层结构。水星的半径是地球半径的38.2%，18个水星合并起来才抵得上一个地球的大小，水星的质量约为地球的5.58%，和地球相比，水星绝对是个小矮人。

根据积累的观测数据，我们可以推测，水星外壳主要由硅酸盐构成，其中心是铁质内核，比月球大很多。这个核的主要成分是铁和镍，以及渗透其内的硅酸盐。一般天体都有磁场,但磁场强弱却有天壤之别。在太阳系类地行星中,水星是除地球外唯一拥有显著磁场的行星。尽管如此,它的磁场强度也不超过地球磁场的 1%。

对于一颗行星来说,磁场的存在至关重要,以地球为例,地球磁场构成了地球生命的保护伞,它可以抵挡有害的太阳射线和其他宇宙射线,从而营造和保护生命的家园。如果没有地球磁场,生命出现和演化的可能性就微乎其微了。

五、水星地表的奇观

水星表面分布着广泛的高山和平原,以及众多悬崖峭壁,其险峻程度远胜于地球。在那里,大大小小的环形山星罗棋布,它们与月球上的环形山非常类似,但比月球环形山的坡度要平缓些。

水星表面曾遭受过非常多陨石的撞击,撞击后的水星上形成了盆地,其周围被山脉环绕,更多的地方是凹凸不平的。在盆地之外是撞击喷出的物质,以及平坦的熔岩洪流平原。此外,水星在几十亿年的演变过程中,表面还形成许多褶皱、山脊和裂缝,相互交错。水星起伏的地形也与几十亿年前水星的核心冷却收缩引起的外壳起皱有关。

在水星的中央地带,有一个直径达到 1360 千米的冲击性环形山,环形山之间,是著名的卡洛里(Caloris)盆地,这一地带是水星表面最显著的特征之一,卡洛里盆地也是水星上温度最高的地方。卡洛里盆地很有可能形成于太阳系早期的大碰撞中,月球上的盆地也是这样。远古时期,水星表面火山运动频繁,熔岩有可能像大海一样涌流。后来,火山运动减弱,温度降低使地表收缩形成皱褶,加上陨石撞击等,最终缔造了水星今日的地形地貌。卡洛里盆地就是其中之一。

水星平原上也有各种凹陷,和月球上的海非常相似,它们环绕在卡洛里盆地的周围。这些平原可能起源于早期的火山运动,几乎所有水星平坦平原的形成都比卡洛里盆地晚。考虑到太阳对水星的潮汐力比地球对月球的潮汐力大17倍,水星的表面地形也会被太阳的潮汐力扭曲,甚至还是一种主要力量。

"水手10号"宇宙飞船的探测表明,水星表面存在巨大的急斜面,有些长达几百千米,高达3000余米。有些在环形山的外侧,一些急斜面很可能是受压缩而形成的。

1992年所进行的雷达观察显示,水星的北极有冰存在,这让天文学家非常吃惊。由于水星的轨道比较特殊,在它的北极,太阳始终只在地平线上徘徊。在一些陨石坑内部,可能永远见不到阳光而使温度降至-160℃。这样低的温度就有可能使行星内部释放出来的气体凝固,包括水蒸气或者积存来自太空的冰。一般认为,这些冰存在于阳光永远照射不到的环形山底部,是彗星撞击或行星内部气体喷出表面而致。

六、水星年和水星日

水星沿轨道运动的速度因距离不同而异,越靠近太阳其运动速度越快,反之就慢。最快速度约为56千米/秒,最慢时是37千米/秒。和地球绕太阳的平均运动速度29.8千米/秒相比,水星就是一个"飞毛腿"。

水星绕太阳一周仅需要88天,这就是水星上的一年,还不及地球上的3个月,这都是水星围绕太阳高速飞奔的缘故。难怪在希腊神话中把水星比作脚穿飞鞋、手持魔杖的使者。

如果水星只是地球的一颗卫星,每15分钟就能环绕地球一周。只是"如果"而已,不仅地球没有水星这么一颗卫星,水星自己也没有卫星,后面要论及的金星也没有卫星。

水星上的一年是88天(以地球日为单位),水星上的一天与其自转有关,我们已经知道水星自转一周是58.646天(地球日),地球每自转一周就是一昼夜,而水星自转三周才是一昼夜。水星上面一昼夜的时间,相当于地球上的176天。在这176天内,水星也正好公转了两周。这意味着"水星年"时间最短,但"水星日"却比别的行星长。水星上的一天等于两年是不是很神奇啊?

对此所做的解释与轨道运动有关。水星的公转周期与自转周期之比正好是3∶2。天文学上把这种简单的比例关系叫作"轨旋共振"(spin-orbit resonance)。轨旋共振是一种表面现象,其背后深刻的原因是太阳离水星太近,对轨道偏心率(eccentricity)较大的水星产生了巨大的潮汐作用。

水星公转周期与自转周期之间的比值是88∶58.646(即轨旋共振约为3∶2),这意味着当水星自转完一圈时,其在公转轨道上正好走过了2/3圈,这时候,相对于太阳表观方位的变化只有1/3圈。因此,当水星自转三圈(同时公转了两圈)时,太阳的表观方位的变化正好完成了一个周期。因此,水星上的一天(相当于地球上的176天)与其两年一样长。

七、水 星 凌 日

可能大家都听说过水星凌日现象。水星的运动轨道在地球内侧,而且水星轨道与地球黄道面之间存在倾角,这个倾角大约是7度。这就造成了水星轨道与地球黄道面会有两个交点,分别是升交点和降交点。水星过升交点时是从地球黄道面下方向黄道面上方运动,过降交点时正好相反。

当水星走到太阳和地球之间且三者处在同一直线上时,地球人就会在太阳圆面上看到一个小黑点穿过,那个小黑点就是水星,天文学家把这种现象叫作水星凌日(transit of Mercury)。同样道理,也会发生金星凌日现象。

水星凌日跟日食的道理一样,只是水星与我们的距离比月亮要远得多,这决定了它的视直径很小(约是太阳视直径的一百九十万分之一)。汉语中,"凌"隐含以小欺大的意思,最常见的词是"凌辱"。因为水星很小,即使发生水星凌日现象,地球人仅靠肉眼是看不到的,因为其所遮挡的太阳面积实在是太小了,早已被太阳的光芒淹没。

1629年,德国著名天文学家、"行星运动三大定律"的发现者开普勒根据计算做出了一个大胆预测,开普勒告诉同行,1631年11月7日将发生水星凌日现象。两年后,水星凌日现象真的发生了,这成为轰动欧洲学术界的一件大事,很多人都觉得不可思议。开普勒的成功预言印证了理论的可靠性。当时,巴黎天文台的法国天文学家伽桑迪(Pierre Gassendi,1592—1655)仔细观测了水星凌日的过程,在他的观测屏幕上,那个小黑点(水星)在日面上由东向西缓慢走过。水星凌日多发生在5月初(降交点水星凌日)或11月初(升交点水星凌日),每100年平均发生13.4次。

八、神奇的天文现象

在水星上面,还能看到更神奇的自然景观,不过它来自太阳。如果我们有幸能登陆水星,便会在水星的一些地方看到一个十分奇怪的天文现象：在一些时候，在同一个水星日里，当太阳冉冉升起时，我们会看见，太阳先缓慢上升，接着倒退、落下，然后再一次上升。这是在近日点周期的那段时间里，水星公转和自转速度有差异。

对这种现象的进一步解释是：在近日点前，水星轨道速度基本等于它的自转速度，以至于太阳的视运动停止；在近日点时，水星的轨道速度超过自转速度，因此，太阳看起来会逆行（降落）；过了近日点后，水星的自转速度超过其轨道速度，太阳才恢复其正常的视运动（上升）。

另一种天文奇观是在水星上看日冕（corona）。在水星的白天，不仅能看到无数星星，还能看到非常壮丽的日冕，那要在黑夜与白天更替之际。那时候，在遥远的地平线上，当一轮巨大的太阳冉冉上升时，太阳的日冕会横向伸展到很远的地方。地球人只有在日全食期间才有可能看见日冕现象，而且远不如在水星上看到的壮观。

第十六章
金星：与神话传说有关

人类对金星的认识伴随着古老的神话传说。后来，人类才知道，地球的这个近邻上面没有水，表面温度很高。

另外，金星还是除月亮外天空中最亮的天体，它没有天然卫星，运动轨道最接近圆形，逆向自转，而且它上面的一天还特别漫长。

一、初识金星

金星（Venus）是太阳系八大行星之一，是离太阳第二近的行星，它在水星轨道之外，在地球轨道之内。金星距离太阳约 0.725 个天文单位。总体来看，金星是离地球最近的行星，但火星有时候会更近一些。金星比地球略小，但远远大于水星。当它离地球最近的时候，距离只有 4000 万千米。这样大而又这样近的天体，除金星外，在地球周围是没有的。

金星是类地行星（terrestrial planets），从结构上看，金星和地球有不少相似之处。金星的半径约为 6073 千米，只比地球半径小约 300 千米，体积是地球的 0.88 倍，质量是地球的 4/5，平均密度略小于地球。所以，有人也把金星看作地球的姐妹星。

实际上，金星和地球的环境相差很远。地球环境温和，表面广布液态水，大气中主要是氮气和氧气；而金星的表面温度很高，不存在液态水，大气中主要是二氧化碳。金星的自然条件也非常严酷，且严重缺氧，这样的环境是不可能有生命存在的。

将地球、金星和太阳三个点连接成一个三角形，如果我们站在顶点之一的地球上瞭望金星和太阳时，会发现我们的视角非常小，这是因为金星的轨道处于地球轨道的内侧。在地球上看金星与太阳的最大视角不超过 48°，因此金星不会整夜出现在天空中。我们一般只能在清晨和傍晚看到金星，而且它分别处于天空的东侧和西侧。这也是古代中国人把金星叫作启明星或长庚星的原因。

金星是夜空中第一颗耀眼而明亮的星，其亮度为 -3.3～-4.4 等，比著名的天狼星还要亮 14 倍，天狼星是除太阳外全天最亮的恒星。当它接近地球时，其亮度超过一等星的 100 倍。金星在夜空中的亮度仅次于月亮，通常在日出稍前或日落稍后亮度最大。

在太阳系八大行星中，只有金星和水星没有天然卫星。在金星的夜空中，是看不到类似于"月亮"那样明亮的卫星的，看到的最亮的"星星"是地球。由于金星离太阳比较近，所以在金星上看到的太阳比在地球上看到的太阳要大（大约是 1.5 倍）。

宋朝文学家苏东坡曾写过"月有阴晴圆缺"这样的句子，实际上是一种天文现象，是月亮的位相变化在人们头脑中的深刻记忆和反映。金星也有位相变化（即周期性的圆缺变化），只是金星距离地球比月亮距离地球要远得多，肉眼不可能看到，但借助于望远镜可以看到。

伽利略曾仔细观测过金星的位相变化，在他后来的著作《关于托勒密和哥白尼两大世界体系的对话》中，把这一事实作为证明哥白尼"日心说"的有力证据。

在太阳系八大行星中，金星的运动轨道最接近圆形，偏心率最小，仅为 0.006811，且与黄道面接近重合，其公转速度约为每秒 35 千米，公转周期约为 224.70 天，这就是金星上的一年。

金星是逆向自转，即自东向西自转，太阳系其余行星皆是自西向东自转。因此，在金星上看到的太阳是从西方升起，从东方落下。在那里，太阳从西方升起就不是神话和传说，而是天天都会发生的事情。

金星的自转周期相当于地球的 243 天（这实际就是金星上的一天），在太阳系中，自转如此缓慢的行星绝无仅有。考虑到金星的公转周期约为 224.70 天，金星上面的一天比一年还要长。

如果我们对一天的定义如果按一次日出到下一次日出的时间间隔算的话，金星上的一天就比其自转周期短很多。这是因为金星逆向自转的缘故，逆向自转的结果使金星上的一个日出到下一个日出的时间间隔相当于地球上的 116.75 天（还不到其自转周期的一半）。

二、神 话 传 说

有一种说法，在很久以前，金星与某个小行星发生了碰撞，结果造成了金星的逆向自转，但并没有依据。一次碰撞就使金星的自转方向发生翻转，真的是不可思议。

有很多神话或传说与金星有关。金星犹如一颗耀眼的钻石镶嵌在天穹，所以古希腊人称它为阿佛洛狄忒（Aphrodite）。阿佛洛狄忒是爱与美的女神，在罗马神话中，它的对应名称是维纳斯（Venus），地球人都知道维纳斯，她是爱与美的结晶，是天使，是女神。所以，金星的天文符号"♀"就是女性的标志。在《圣经》里，金星象征着黎明。

人类对金星曾寄予了无限希望，希望它像地球一样，也有生命存在，甚至希望也有浪漫的爱情故事在那里生根发芽。

古代中国人也把金星叫作太白星。由于它非常明亮，最能引起人们的幻想，因此，关于它的传说也很多。在我国古典小说中，多次出现过太白金星的传奇故事，包括脍炙人口的玄幻小说《西游记》。

唐代大诗人李白也与金星有缘。传说李白出生的前一天晚上，他母亲梦见西方的太白金星突然间坠入怀中，第二天，李白就来到了这个陌生的世界。他父亲根据这一吉祥之梦的启发，就给他取了李白这个名字，"太白"算是他的别号了。

长大后的李白确有几分"仙气"，他周游天下，学道论剑，好酒任侠，笑傲王侯。他的诗想象力非凡、气势如虹。"欲上青天揽明月""黄河之水天上来""飞流直下三千尺"等诗句都成为千古名句，李白在当朝就享有"诗仙"的美名，1000多年后，仍如太白金星一样闪闪发光。

三、金星大气

金星表面被浓密的大气和云层环绕。我们很难穿过这层大气看到金星的本来面目。自从有了先进的射电望远镜，这一切才有可能。

金星大气层主要成分是二氧化碳，约占96%，此外还有少量的氮、氩、二氧化硫、一氧化碳和水蒸气等。大量二氧化碳的存在使其具有强烈的温室效应，由此形成了金星表面的高温和高压环境。其大气压约是地球的90倍，这差不多相当于地球海洋1000米深处的水压。

温室效应使金星表面温度高达465~485℃，这样高的温度足以使铅条熔化，且基本上没有地区、季节、昼夜的差别。在赤道低地，金星的表面极限温度高达500℃。这使得金星的表面温度甚至高于水星，它离太阳的距离要比水星大两倍，得到的阳光只有水星的四分之一。尽管金星的自转很慢，但是由于热惯性和浓密大气的对流，昼夜温差并不大。

浓厚云层犹如金星的一层防护服装，大部分阳光都被金星云层反射回了太空，这也是为什么金星比地球离太阳近、但其表面所得到的光照却比地球少的原因。金星云层顶端的温度约为零下45度，比较寒冷。

如果没有温室效应作用，金星上面的温度会下降约400℃。如果是那样的话，环境就会温和很多。

四、高空云层

金星云层呈现黄色，因为其中掺杂着游离态硫，在其大气循环中，硫、二氧化硫和硫酸的生成和消失每时每刻都在发生，这也决定了其强烈的腐蚀性。即使在高度 50~70 千米的上空，大气的腐蚀性也不可小觑。

即使是在白天，金星表面也是朦胧不清，那里没有我们熟悉的蓝天和白云，没有旭日东升和落日西下的美景，因为金星上空的云层太厚密。金星云层顶端大气对流强烈，那里的风速大约为 350 千米/时，但地表风速却很低，一般每小时只有几千米。考虑到金星非常缓慢的自转速度（每 243 个地球日自转一圈），很难解释上层大气如此快速转动的背后动力来自哪里。

"先驱者-金星 2 号"发回的图片和数据表明，金星云层的不同层次，其物理和化学特征也不一样，金星上也有降雨，不过降下的是硫酸而不是水。探测还表明，金星上空也会出现频繁的闪电和雷暴，最长的一次闪电约有 15 分钟。对金星闪电的解释是，太阳储存在金星云层的能量在非常强大的放电过程中被释放出来，云层粒子在碰撞过程中造成电荷分离，结果形成闪电和雷暴。

与太阳系其他行星相比，金星的磁场很弱，这可能与金星的自转不够快有关。磁场很弱的最大坏处就是，太阳风可以毫无缓冲地撞击金星上层大气。结果使金星上层大气中的水蒸气分解为氢和氧。氢原子因为质量小逃逸到了太空。而氧元素则与地壳中的某些元素化合，因而金星的大气中缺乏氧气。

五、地形地貌

金星的平均密度为 5.24 克/厘米^3，比地球和水星略小。地质学家认为，金星的内部构造可能和地球类似，依地球的构造推测，在金星的核心部分，有一个半径约 3100 千米的铁-镍核，包裹着核心的是一层主要由硅、氧、铁、镁等的化合物组成的"幔"，其中可能含有橄榄石及辉石，再往外，主要是一层以硅酸盐为主的很薄的"壳"。

金星地表没有水，空气中的水也极其稀少。金星云层比地球云层的高度高很多。由于大气压力很大，金星地表的风速也相应缓慢。这也意味着，金星地表既不会受到风暴的影响也不会受到雨水的冲刷。因此，金星的火山特征能够清晰地保持很长一段时间。金星表面十分干旱，所以金星上的岩石比地球上的更坚硬，山脉也更陡峭，悬崖峭壁和其他地貌也不乏壮观之处。

金星属类地行星，地形和地球类似，也有山脉一样的地势和辽阔的平原，有火山和峡谷，其中最大的峡谷深约 6 千米、宽约 200 千米、长约 1200 千米，从南向北穿过赤道。另外，金星表面有一个巨形凹坑直径约 120 千米、深约 3 千米，且四周陡峭。写这段文字的时候，笔者刚从重庆武隆的天坑地缝归来，天坑地缝已经非常壮观，但和金星上这个巨形凹坑相比，恐怕要逊色很多。

金星表面约有 70% 的平原、约 20% 的高地和约 10% 的低地。两个主要的大陆状高地坐落在大平原上。北半球的高地叫伊师塔地（Ishtar Terra），伊师塔地与澳大利亚相当，那里拥有金星最高的山脉麦克斯韦山脉（Maxwell Montes），它比地球的喜马拉雅山高出 2000

神秘的金星

多米，也可称为太阳系的高大山脉之一。麦克斯韦山脉一直延伸到拉克西米高原（Lakshmi Planum）。南半球的阿芙罗狄蒂地（Aphrodite Terra）面积更大，与南美洲相当。高地之间分布着一些许多广阔的低地，如爱塔兰塔平原低地（Atalanta Planitia）、格纳维尔平原低地（Guinevere Planitia），以及拉卫尼亚平原低地（Lavinia Planitia）。除麦克斯韦山脉之外，所有的金星地形均以女性名字命名，而且大多来自神话传说。

六、火 山 活 动

根据麦哲伦（Magellan）号探测器传回的数据，金星地壳比人们想象的要厚，且很坚固。因此，金星上面没有像地球那样的板块构造运动，即使有也很微弱，但金星表面遍布火山喷发残迹。

种种迹象表明，金星火山的喷发形式基本一样。对凝固熔岩层的研究显示，大部分金星火山喷发时只是熔岩流的涌出，而都没有剧烈爆发、喷射火山灰的迹象。这可能与缺水及很高的大气压力有关。

金星表面火山数目很多，其表面只有约七分之一的面积没有火山岩，这说明火山活动很频繁。大型火山就有几百座，此外还零星分布着10万多座小型火山。从火山喷出的熔岩流产生了很多沟渠，波及周围数百千米甚至上千千米。玛亚特山是金星上面最大的火山之一，它比周围地区高出约9千米，火山宽约200千米。

金星上的小型盾状火山通常成串分布，被称为盾状地带。盾状地带分布广泛，主要出现在低洼平原或低地的丘陵处。许多盾状地带已经被更新的熔岩平原覆盖，地质学家推测，盾状地带可能形成于火山活动初期，属于非常古老的地区。

金星上火山形状多变，其中分布较普遍的是盾状火山；火山构造也比较特殊。迄今为止，传回的数据和图像没有显示金星上面有活火山。考虑到我们得到的数据十分有限，如此推测连盲人摸象还不及，所以活火山存在的可能性仍然很大。

第十七章
火星：地球的近邻

在史前时代，人类就知道了火星。古代人认为，火星是某种生命的栖息地，所谓的火星人就是其中的代表，这种认识一直持续到近代。

在科幻作家的笔下，火星是他们虚构历史故事的重要阵地，这个阵地总是充满了魅力和诱惑。

一、红色的诱惑

在太阳系八大行星中，火星（Mars，天文符号：♂）是由内往外数的第四颗。火星的亮度为 -2.9，在八大行星中比木星、金星暗，但我们用肉眼即可看见。夜晚看星星时，一定要记住找橙红色的那一颗。

在古希腊，火星因火红之色而取名阿瑞斯（Ares），该词原自希腊神话中的神祇，阿瑞斯是天神宙斯的儿子。古罗马神话中与之对应的是战神玛尔斯。古代日本人把火星当作一个不吉祥的星，所谓的"灾难星"或"红焰星"就是日本人给它起的名字。因为火星发出的红光令人想起战争中的流血。

火星的红色使其成为五行中的要素之一，这颗象征着火的行星亮度常有变化，其在天空中的运动（有时从西向东，有时又从东向西）也令人迷惑不解。古代中国人常说的"荧荧火光、离离乱惑"指的就是火星。

二、基本特征

火星是类地行星（terrestrial planets），其直径（6794 千米）约为地球的一半、月球的两倍，体积约为地球的 15%，质量约为地球的 1/9、月球的 9 倍，表面重力约为地球的 2/5、月球的 2.5 倍。它的表面积与地球的陆地面积大致相当。火星的密度（3.94 克/厘米^3）比其他 3 颗类地行星（地球、金星、水星）还要小很多。

火星的自转轴倾角、自转周期与地球相近，火星的自转周期（即一天的长短）约为 24 小时 37 分 23 秒，比地球的一天稍长一点。火星大约每 687 天绕太阳运行一周，这就是火星的一年。相当于地球一年的 1.88 倍。

在火星轨道内侧运动的地球每两年两个月才能赶上火星，也就是说，地球和火星每隔两年两个月才有一次靠近的机会。

火星的运动轨道是扁长的椭圆形，火星每次与地球靠近的距离随靠近时的位置而变化，距离最近时约为 5500 万千米，最远时则超过 4 亿千米。两者之间的近距离接触大约每 15 年出现一次。1956 年 9 月，两者之间靠近的距离是 5660 万千米；1988 年火星和地球的距离约为 5880 万千米；2003 年的 8 月 27 日，火星与地球的距离仅约为 5576 万千米，是 6 万年来最近的一次；预计在 2018 年，两者之间的距离约为 5760 万千米；到 2287 年 8 月 28 日，两者将更为接近，距离约为 5569 万千米；到 2366 年 9 月 2 日，两者之间的距离约为 5571 万千米。

一般来说，火星和地球近距离接触时是最适合登陆火星的时机，那时候也最适合天文学家在地面对火星进行观测。不过，我们这个时代的地球人都看不到火星和地球在 23 世纪和 24 世纪的那两次近距离接触了。

好奇是人类的天性。我们很想知道那里都有些什么。根据已经掌握的资料和有关数据，天文学家初步推测了火星的内部结构。火星的核心是半径为 1700 千米的高密度物质，外包一层熔岩，它比地球的地幔更稠些，最外层是一层薄薄的外壳。相对于其他固态行星而言，火星的密度较低，这表明火星核中的铁可能与更多的硫结合或共存。

火星的板块运动不是很活跃，水星和月球同样如此，已有的观测结果显示，火星没有发生过能造成像地球那样如此多褶皱山系的地壳平移活动。这也是火星地壳相对稳定的主要原因。

在很早以前，火星上二氧化碳大多被转化为含碳的岩石（碳酸盐系列）。地球也是这样。但由于缺少类似于地球的板块运动，二氧化碳很难再次循环到火星的大气中，结果就无法产生意义重大的温室效应。因此，即使把火星放在地球所在的位置，火星表面的温度仍比地球低很多。因为板块运动将有助于碳循环的进行，而碳是构成生命必不可少的元素。从这个角度看，火星上存在生命的可能性很小。

三、火星大气

火星大气稀薄，当阳光通过时，天空主要发生米氏散射（Mie scattering）。当大气中粒子的直径与辐射的波长相当时发生的散射称为米氏散射。所以，火星大气主要散射波长与自身颗粒大小相近的红光，在视线方向上，来自太阳光中的红色部分被散射了，所以，在火星上看到的夕阳会偏蓝色。当火星上发生沙尘暴时，空气中的大颗粒尘埃发生米氏散射，散射了太阳光中波长较长的红光，所以，非太阳视线方向的天空偏红色，而太阳和周围的光偏蓝色。

火星空气压力极低，那层薄薄的大气主要是残留下的二氧化碳（95.3%），另外还有少量的氮气（2.7%）、氩气（1.6%），以及微量的氧气（0.15%）和水蒸气（0.03%）。

稀薄的大气决定了火星表面的平均大气压很低，仅为大约7毫巴，还不到地球上的1%，大气压随着高度的变化而发生变化，在盆地的最深处，大气压力高达9毫巴，而在奥林匹斯山脉的顶端却只有1毫巴。即使是这1毫巴的大气压也足以支撑偶尔整月席卷整颗行星的飓风和大风暴。

火星大气层也能制造温室效应，但火星大气层的温室效应仅能使地表温度升高5℃，与金星及地球的温室效应相比，可真是小巫见大巫了。

四、火星极冠

天文学家很容易看到火星南北极的极冠,极冠主要由水冰组成,干冰(固态 CO_2)主要覆盖在表面上。南极的干冰层比北极要厚很多。在不同的季节,由于二氧化碳的升华和凝华作用,极冠的干冰厚度均有变化。

到了夏季,部分固态二氧化碳并未完全升华,我们将其称为永久极冠,天文学家把火星南北极的整体构造叫作极地层状沉积(polar layered deposits),和地球的南极洲及格陵兰冰层一样,极地层状沉积是一层层的沉积构造。

南极冠体积(约160万立方千米)大约是北极冠体积(约82万立方千米)的两倍。螺旋状凹谷是两极冰冠的明显特征,太阳光照和夏季接近升华点的温度使沟槽两侧水冰发生差异融化和凝结可能是形成螺旋状凹谷的主要原因。

五、季节变化

火星上也有季节变化,但它毕竟在地球的运动轨道之外,离太阳更远,因此气候就更加寒冷。即使在赤道附近,地面上的平均温度也有-15℃左右。但在白天,赤道沙漠地带的温度较高,约为10℃左右,在阴暗的海里（并没有水），温度为20℃以上，在太阳垂直照射的地方，温度高达30℃左右。所以，仅从行星地表温度这一因素看，火星上存在生命的可能性还是比较大的。

在自转轴倾斜的程度方面，火星和地球几乎一样，仅从这一点看，火星上的季节变化方式与地球差不多。但实际上，由于火星的公转周期长，火星上每个季节的时间也几乎比地球长一倍，同时，火星在地球的外侧，这决定了它的每个季节都比地球上相同的季节要寒冷。火星上的平均温度大约为-55℃，但却具有从冬天的-133℃到夏日27℃的跨度。

同时，火星绕太阳公转的椭圆轨道比地球要扁，这意味着火星南北半球的四季差异比地球上的更为显著。有关研究表明，在接受太阳照射的地方，近日点和远日点之间的温差高达160℃。这是火星气候发生巨大变化的根本原因。

六、地质变迁

判别火星的地表年龄的一种方法是撞击坑计数法：撞击坑大而密集的地方比较古老，反之较年轻。天文学家把火星的地质年代分为四个阶段：前诺亚纪、诺亚纪（Noachian）、赫斯珀利亚纪（Hesperian）和亚马孙纪（Amazonian）。

前诺亚纪时期，地表并没有真正形成，但已经有了南北地形差异和覆盖火星的磁层；诺亚纪时期，火山活动旺盛，陨石撞击频繁，那时期可能有温暖潮湿的大气、河川和海洋，侵蚀旺盛，但到末期这些活动已减弱很多；赫斯珀利亚纪，火山活动仍然继续；亚马孙纪则是大气稀薄干燥，以冰的消长为主要活动，如极冠、冰冻层、冰河的更迭，并有周期性变迁，沟壑也在这个时期形成，火山活动趋缓并集中在塔尔西斯高原与埃律西姆地区。

火星地表上遍布着沙丘和砾石。因为地表被赤铁矿（氧化铁）覆盖，火星的红色便由此而来。在天空的无数颗星星中，我们很容易辨识出火星。

火星上面没有稳定的液态水，大气稀薄寒冷且常常悬浮沙尘，每年常有沙尘暴发生。与地球相比，火星的地质活动不活跃，但据研究发现，在远古时期，火星上发生了频繁的地质运动，从那时起，地表地貌基本维持至今。

火星的北方低平，南方是古老且充满陨石坑的高地，两者之间有明显的斜坡缓冲，火山地形穿插其中，众多峡谷亦分布在各地。南北极存在由干冰和水冰组成的极冠，风成沙丘亦广布整个星球。

七、山脉和环形山

和地球一样，火星也拥有多样的地形地貌，包括高山、平原和峡谷，其中的一些还非常壮观。

首先要提到的是它上面的奥林匹斯山脉（Olympus Mons），这个山脉在火星地表上的高度超过 24 千米，大约是地球最高峰喜马拉雅山的 3 倍。山脉底部面积相当于美国亚利桑那州的大小，并由一座高达 6 千米的悬崖环绕着。奥林匹斯山是火星上最高的山，也是太阳系最高大的山脉和火山，其大致形成于岩浆从地下喷涌后再逐渐冷却的过程中。

除奥林匹斯山外，还有众多高原火山。重力较小是火山能长很高的重要原因。火星的火山主要分布在塔尔西斯（Tharsis）高原、埃律西昂（Elysium）地区，也零星分布于南方其他高原上，如希腊平原东北的泰瑞纳山（Tyrrhena Patera）。

塔尔西斯高原（高约 14 千米，宽约 6500 千米）是火星表面的一个巨大凸起，其上分布着众多火山作用的遗迹，包括太阳系最高的奥林匹斯山。大型火山还包括艾斯克雷尔斯山（高约 18.23 千米）、帕弗尼斯山（高约 14 千米）、阿尔西亚山（高约 17.7 千米）和亚拔山（高约 6 千米）。亚拔山在塔尔西斯高原最北边，虽然只有 6 千米高，但其基座宽达约 1600 千米，火山口直径约 136 千米，火山规模居五大火山之首。在这些大火山之间，点缀着数目众多的小火山。

在远古时期，火星发生过很多次火山运动。火星地面的轻微应力造成了塔尔西斯高原的凸起和巨大火山的形成。火星上有密布的陨石坑，说明它曾经被天外来客撞击过无数次。火星表面存在很多年代久远的环形山。但是也有不少形成不久的山谷、山脊、小山及平原。

在火星的南半球，天文学家发现了与月球上相似的环状高地。但在北半球，则多由新近形成的低平的平原组成。令人吃惊的是，南北边界上出现了几千米的巨大高度变化。这种地形地貌在地球上很少见到。北方平原的形成过程十分复杂。形成南北地势巨大差异及边界地区高度剧变的原因有待继续考察。

像月亮表面一样，火星上面也分布着大大小小的环形山穴。火星上的环形山和月亮上的环形山稍有不同，火星上的环形山由于风化作用，形状很不完整。除了火山喷发造成的环形山，由陨石撞击而形成的环形山肯定也不在少数。你可以想象在火星和木星之间，旋转着众多小天体碎块，它们一旦被火星吸引过来，就会以千军万马之势猛烈撞击火星表面，结果造成众多大大小小的环形山。火星上各种各样的环形山恐怕不止几万个。

2015 年，天文学家在火星表面发现了一个巨型火山遗迹（长 40 千米，宽 30 千米，深度达 1750 米）。据推测，它可能由 30 亿年前的火山喷发形成，其规模可与美国的黄石（Yellowstone）火山相比。

八、火星峡谷

一提到峡谷，我们就会想到水流，好像水流是形成峡谷的唯一成因。与水的运动紧密相关的峡谷包括洪水短时间冲刷、稳定的流水侵蚀及由冰川侵蚀三种情况。事实上，峡谷的形成还有别的原因。水流可以造就峡谷，火山活动所喷发的熔岩流亦可造成熔岩渠道（Lava Channel）。此外，地壳张裂也能造就峡谷，火星上的水手号峡谷就是一个例子。

水手号峡谷（Valles Marineris）是火星上最大的峡谷，也是太阳系最大最长的峡谷。水手号峡谷是一个复杂的峡谷系统，其位于塔尔西斯高原东部，全长超过4500千米，最宽处超过600千米，最深处超过7千米。

水手号峡谷使我们想起了地球上的大峡谷。在水手号峡谷面前，不论是美国的科罗拉多大峡谷（全长347千米，宽6~29千米，深1600米），还是中国的雅鲁藏布大峡谷（长504.6千米，宽50千米，深5382米），都会相形见绌。水手号峡谷的形成伴随着塔尔西斯高原的抬升，在那个漫长的过程中，火星地壳发生了严重的扭曲和张裂。

地质学家推测，水手号峡谷大约在35亿年前形成，形成原因与地质断层有关。断层是由地质构造变化及位于西部的巨型火山的不断增长造成的。当融化的岩石（岩浆）从地壳涌入山谷后，整个地区开始抬升，这时周边的地壳岩石不断被拉伸，直至断裂形成断层和裂纹。在裂缝展开后，地面就会下沉，就像拱门移动时拱心石就会坠落一样。同时，断层也为地下水的流动打开通道，它破坏了地表，并且扩大了断裂区域。在水手号峡谷的许多地方，险峻而且裸露不久的崖壁变得很不牢固，由此造成的山崩使峡谷变得越来越宽。

大约在 20 亿年前，水手号峡谷的主要地质活动基本停止，但小型的山崩地裂仍在继续。水手号峡谷的几个地方展示出它在形成及发展过程中不同阶段的具体情况。这为地质学家了解它的来龙去脉及火星的演化提供了重要证据。

在火星地壳持续不断的拉力下，水手号峡谷缓慢裂开。当地质构造运动拖拽火星地壳形成塔尔西斯高原及其上山脉时，它的断裂在地表形成了横跨几百英里（1 英里 = 1.609344 千米）的裂痕。今天所看到的裂痕只是水手号峡谷形成过程中普遍现象中的些许残余。

洪水冲刷出了河道，涌入北部低地。从水手号峡谷的东端起，洪水流经一系列河道，最终到达克里斯（Chryse）盆地。在水手号峡谷的西北方，在一个名为艾库斯峡谷（Echus Chasma）的凹陷处也有洪水冲刷的痕迹，包括凯希谷（Kasei Valles）的冲刷河道。在水手号峡谷的东端，是一大片混沌地形，天文学家在那里发现了许多水流侵蚀的痕迹。

"混沌地形"的形成和洪水泛滥现象集中发生在火星历史上一个称为"赫斯珀利亚纪"（Hesperian）的时期。这个时期处在形成巨大陨石坑和火山活动最剧烈的"诺亚纪"（Noachian）之后，而在"亚马孙纪"（Amazonian）之前，是两者之间的一个过渡时期。这三个时期的命名取自三个特定的区域：诺亚台地（Noachis Terra）、赫斯珀利亚平原（Hesperia Planum）及亚马孙河平地（Amazonis Planitia）。

天文学家只能大概推断赫斯珀利亚纪的时间跨度，这一时期约开始于 35 亿年前，结束于约 20 亿年前。在这段时期，除了大规模的洪水泛滥和塔尔西斯高原的增长，火星还经历了很多次撞击，由此形成一些陨石坑与盆地，火星的气候也逐渐变得越来越寒冷，越来越干燥。

并非所有水手号峡谷的侵蚀都会引发灾难性的洪水。在一些谷地，支流峡谷和山谷不断加宽，并伴有轻度侵蚀。这些峡谷和山谷的主要部分很可能是在同样的原理下形成的。地下水的流失，使这些峡谷的水量更少、规模更小。水以泉眼或渗漏的形式从峡谷峭壁中流下，并将沉积物冲走。岩石的断层和裂缝引导了侵蚀的方向，逐渐导致峡谷边缘向后倾斜。

在流水连续侵蚀下，峡谷的悬崖与谷壁变得脆弱，因此常常发生山体滑坡。水手号峡谷的多处地方都因为山体滑坡而变宽。滑坡会波及很长距离，坍塌通常有数百米或数千米。尤其是当岩石碎块中含有水或气体，使其摩擦力变小的时候。地球上的山体滑坡同样如此，常常是新的塌方不断将上一次的塌方掩埋。地质学家甚至认为，造成峡谷内山体巨大滑坡的原因可能与火星上稀薄的空气有关。

水手号峡谷并非完全由侵蚀而来。在水手号峡谷的某些地方，沉积物被山体滑坡的岩石碎块所覆盖，谷底堆积了巨厚沉积物，也叫作内部层叠沉积物。其中的米拉斯峡谷（Melas Chasma）、堪德峡谷（Candor Chasma）和俄斐峡谷（Ophir Chasma）特征明显，在赫柏斯峡谷（Hebes Chasma），层层堆叠的沉积物快要触及山谷边缘。由此侵蚀的岩脊凸起、台地漫延等形态是科学家要研究的重要内容。

水手号峡谷内纵横交错着很多小峡谷，科普来特斯峡谷（Coprates Chasma）就是其中之一。科普来特斯峡谷包含冲积物和风积物沉积物质。这些地层可能与火山造成连续山崩的崩积物一层层覆盖有关。在其底部可能存在液态水或冰，如果火星探测收集的数据和图像可靠，则这些峡谷曾经因为侵蚀崩溃而形成了孤立湖泊。

火山作用或火星风侵蚀是造成峡谷底部沉积物增加的重要原因，厄俄斯峡谷（Eos Chasma）西部就是如此，在其东部，流体侵蚀造就了众多纵向条纹。恒河峡谷（Ganges Chasma）隶属于厄俄斯峡谷，呈东西走向，来自峡谷悬崖的水流沉积物是其谷底的主要特征。

水手号峡谷的终点位于厄俄斯峡谷和恒河峡谷东端，从那里再往下，就是火星北方大平原附属的克里斯平原。克里斯平原其实是低地平原，其高度只比水手号峡谷中的最低点米拉斯峡谷高约1千米。这一带区域是登陆火星的首选地之一。

水手号峡谷终端有很多混沌地形，这些混沌地形是洪水沿外流浚道向外连续侵蚀形成的,如欧若拉混沌(Aurorae Chaos)和海德拉奥特斯混沌(Hydraotes Chaos)等,最后经由西穆德谷和提尔谷进入克里斯平原。

恒河峡谷的谷底位于外流浚道内部,在那里有富含橄榄石的古老玄武岩。这种矿物外观呈绿色,其上留下了水流缓慢侵蚀的痕迹。这一发现表明,历史上,峡谷曾存在过水,虽然不是很多。

堪德峡谷是水手号峡谷的一部分,峡谷内有一些黏土矿物,这意味着水流严重侵蚀了这里,曾经的岩石和岩屑已经面目全非。堪德峡谷内水的酸性比梅里迪亚尼平原水的酸性还低。美国的"机遇号"火星车2004年曾到过梅里迪亚尼平原。

九、远古洪水

火星地表的河道遗迹清楚地表明了许多地方曾受到过水的侵蚀。这意味着,火星上曾经有过洪水,大洪水发生过不止一次。那些狭长和弯曲的河道显示火星表面曾有液态水流淌过。由此推测,火星上甚至可能有过大湖和海洋。但是,由于火星引力小,水很容易蒸发,大湖和海洋的存在时间相对有限。在火星的大多数地方,水只是匆匆过客。

美国国家航空航天局完成的很多探测表明,火星地表曾经很湿润。火山湖不止一个,但由于经历了无数次的陨石撞击,湖水早已干涸。

美国《地球物理学报》刊登的一篇论文认为:"长期以来,科学家一直认为火星北半球广阔的低地平原很可能是一片干涸的古代海洋。"但要寻找确凿的证据是非常困难的。

十、不规则的卫星

1877年，美国天文学家阿萨夫·霍尔（Asaph Hall，1829—1907）发现了火星的两个天然卫星，即火卫一（Phobos，福波斯）与火卫二（Deimos，得摩斯），在古希腊神话中，福波斯和得摩斯都是战神阿瑞斯的儿子。两者的形状也不规则，最长直径各为27千米和16千米，上面充满了撞击坑，以近于圆形的轨道在接近火星赤道面处公转。

两个卫星可能是捕获的小行星。火卫一呈土豆形状，它是太阳系中反射率最低的天体之一。在太阳系所有的卫星与其主星的距离中，火卫一与火星之间的距离是最短的，它与火星的平均距离约9378千米，从火星表面算起只有6000千米。

火卫二更小，其逃逸速度为5.6米/秒。火卫二与火星的距离是23460千米，大约以30.3小时的周期环绕火星运动，轨道速度为1.35千米/秒。

它们虽然体积小，但由于离火星不远，看起来并不小。从火星上看火卫一，视觉效果相当于满月直径的1/2～1/3大，火卫一的视星等约为-7，火卫二的视星等约为-5，白天也能够看见。

众所周知，月亮被地球的潮汐锁定。火星的两颗卫星同样如此，这就是为什么它们总是以一面对着火星的原因了。火卫一的公转周期是7小时39分，远比火星的自转周期（24小时37分）快，所以，在火星上看火卫一，感觉火卫一是从西方升起、从东方降落，而且只需要4小时。而火卫二的公转周期（30小时18分）比火星的自转周期长，每经过2.4个火星日才能看到一次东升西落现象。

火卫一距离火星本来不远，其轨道半径逐步变小，其根源是火星潮汐力的影响。预计再过约 700 多万年，火卫一将因轨道半径小于洛希极限（3620 千米）而被瓦解。而火卫二距离火星将越来越远，有一天有可能会摆脱火星的引力束缚而成为游离在火星和木星之间的一颗小行星。

十一、寻找火星运河

有一位天文学家在寻找火星运河方面下了很大功夫，他就是美国天文学家洛韦尔（Percival Lowell，1855—1916）。洛韦尔出生在马萨诸塞州的波士顿，家境富裕。波士顿有两所世界著名大学——哈佛大学和麻省理工学院，学术积淀厚重。这个家庭培养了一位一流诗人（妹妹艾米·洛韦尔）、一位哈佛大学校长（哥哥阿伯特·洛韦尔）。

1876 年，洛韦尔从哈佛大学毕业后，曾经做过一段时间生意，积累了非常多的财富，可这并不是他的最爱，对数学和天文兴趣浓厚的他最想做的是在宇宙之河巡游。

多年后的一天，洛韦尔看到了意大利天文学家斯基帕雷利（Schiaparelli, Giovanni Virginio，1835—1910）关于火星上存在"运河"的报道后，心情十分激动，匆匆忙忙从远东回到美国。这个时候，洛韦尔有一些财大气粗的感觉，不需要再为生计奔波，于是，就在亚利桑那州一个叫费拉格斯塔夫的旷野深处买了一块地，兴建了一座私人天文台（也是美国最古老的天文台），专门从事天文观测和研究，这时候的洛韦尔已近不惑之年。

费拉格斯塔夫远离城市生活，远离世俗社会的干扰，非常适合做学问和静心修身。沙漠地带空气干燥且纯净，夜晚的天空没有灯光污染,澄澈星空深不见底,非常适合看星星。

洛韦尔废寝忘食,十几年如一日,专心致志地研究那颗红色星球,前后拍摄了几千张火星照片。这些照片显示的运河数远比斯基帕雷利看到的要多得多。在分析和比对了这些火星照片后,洛韦尔绘制出了详细的运河图,运河数目超过500条。在运河相交处,洛韦尔勾画出了片片"绿洲",记录了季节的变化,这些变化伴随着庄稼的荣枯和生命的新陈代谢。

在洛韦尔的视阈内,火星上的那些运河和绿洲就是梦中的天堂,曾有一段时间,洛韦尔拥有众多信徒,他们相信火星上有智慧生命,那些智慧生命就是他们心目中的火星人,他们共同守护着这一信念。

洛韦尔更是痴迷于此,在他生命最后近20年的时间里,主要精力都耗费在了火星运河和火星生命的寻找中(还有一些精力主要用在预测和寻找海王星之外的那一颗未知行星方面)。他不知道,他所看到和所勾画的只是一个视阈幻象,所谓的"运河"最有可能是一种光学错觉。很多年后,火星探测器在火星上软着陆,才发现那一切美好的愿景都不存在,真实的火星却是十分的荒凉。

第十八章
木星：行星世界的众神之王

木星与太阳的平均距离是 77 833 万千米，并以 13 千米/秒的速度围绕太阳运动。

如果把地球缩小到 10 厘米直径的小橘子那么大，那么木星就相当于一个直径为 1 米多的大气球了。站在坚实的地球上，你还可以有更多的类比和想象。

一、史前人就知道它

在太阳系八大行星中，以太阳为中心，按由近及远排序，木星排第五。木星是太阳系体积最大、自转最快的行星。木星体积巨大，反射太阳光的能力也强。所以，史前时期的人们就知道了它。西方称木星为"朱庇特"(Jupiter)。朱庇特是罗马神话中的众神之王，相当于希腊神话中的天神宙斯。

古代中国人早就知道木星，而且还知道它的公转周期是12年，与古代中国纪年习俗"天干地支"中的地支相同，所以，中国人把木星叫作"岁星"。这一名称非常贴切地传达了这一层意思，我们的祖先顺便也用它来纪年。中国人所说的太岁也指木星，"不敢在太岁头上动土"这一古老说法已经很好地诠释了木星在古代中国人心目中的位置。

二、木星的真面貌

1. 体积最大、密度很低、自转很快

木星最惹人注目的地方在于，它是天空中第四亮的星体（仅次于我们看到的太阳、月亮和金星）。如果不考虑太阳和月亮，木星的亮度仅次于金星。木星的视星等是-2.94。这也是人类早在史前时期就知道

木星的根本原因。

木星的直径约为 14.3 万千米，是地球直径的 11.25 倍，体积是地球的 1316 倍，质量是地球的 318 倍、太阳的千分之一。在太阳系中，其余所有七大行星的质量总和还不到木星质量的四分之一。由此可见，木星真的可以说是太阳系行星世界中的巨无霸了。

另外，木星的平均密度又非常低，仅为 1.33 克/厘米^3，平均密度还不及地球平均密度的 1/4，只比地球上的水稍重了一点点。原因是，它主要是一颗笼罩着浓厚气体的液态星球。

木星自转一周只需要 9 小时 50 分 30 秒。这就是木星的一天，而我们地球人的一天是 24 小时。如此快的自转速度使木星成为一个两极扁平、赤道略鼓的椭球体，其赤道半径与两极半径之差超过了 5000 千米。

2. 木星上有汪洋大海

木星、土星、天王星和海王星皆属于气体行星，天文学家把它们叫作类木行星，而木星和土星属于巨行星。"先驱者号"探测器对木星考察的结果表明，木星是一个流体行星，没有固体表面。其主要成分是氢和氦。

木星内部有木星核和木星幔两层结构，木星核位于木星中心，可能是石质内核，主要由硅酸盐和铁等物质组成，物质组成与密度呈连续过渡。其体积超过地球体积的两倍，质量相当于 10~15 个地球。核心温度高达 30 000K，在这样高的温度下，岩石可能呈熔融状态。

木星核外是木星幔，木星幔的半径超过 20 000 千米。构成木星幔的主要元素是氢，木星幔从里到外依次是液态的金属氢层和液态的分子氢层。这意味着那里的压强高达 40 亿帕。液态金属氢由离子化的质子和电子组成，类似于太阳的内部，不过温度要低很多。

木星没有地球陆地那样的固体表面。它的表面是由液态氢形成的"汪洋大海"，所以，木星是一颗名副其实的由液态氢组成的液态星球。如果人类有幸登陆木星，他们在木星上将没有立足之地，只能像鱼儿一样在大海里游泳，宇宙飞船也只能漂泊在木星表面的汪洋大海中。不过，这一切皆不可能。自重太大、体积太大、引力太大是造成这一切的根本原因。

木幔之外，是木星的大气层，大气层厚度大约为 10 000 千米。

3. 木星大气

木星大气主要由氢和氦组成。大气层中氢和氦分别占了总质量的 75% 及 24%，其余 1% 是甲烷、烃、水蒸气、氨及硅的化合物。大气最外层有冷冻氨的晶体。

木星的大气层很浓厚。从云顶开始，随着深度的增加，氢逐渐过渡为液态，再往下，液态分子氢在高温和高压下成为液态金属氢。在核心区附近，极高的温度和压力使物质的物态难以预测，不过，固态的可能性极小。

木星的大气层缺乏明显边际，核心物质与外围物质没有明显界限，物质组成与密度呈连续性过渡。在很多地方，气体和液体的过渡带混沌不堪。从最低处到最高处，大气层主要包括对流层、平流层、增温层和散逸层，各层有明显的温度梯度特征。

木星大气中的甲烷能够吸收太阳的紫外线。木星云的绚丽多彩或许能够证明，木星大气可能存在着十分活跃的化学反应，而且参与反应的分子还有很多。此外，大气中还有强烈和频繁的闪电现象。

木星表面的磁场强度是地球的 10 倍还多，而且磁场方向与地球磁场方向恰好相反，和木星磁场相比，地球的磁场就很弱了。另外，木星的磁气圈分布是太阳系中最大的，比地球磁气圈大 100 多倍。由于太阳风（太阳带电粒子）和磁气圈的作用，这颗巨行星经常出现极光。木星是除地球外第二个被发现有极光现象的天体，且比地球极光明亮和壮观数千倍，覆盖范围是地球面积的很多倍。

木星离太阳比较远，表面温度是零下 150℃，如果木星只靠太阳的热量加温，其表面温度还会更低。

4. 在遥远的未来，木星有可能演变成一颗恒星

对木星的考察表明，木星正在向宇宙空间释放能量，而且它所放出的能量远远超过它所获得的太阳能，这意味着木星释放的能量绝大部分来自于其内部。在木星内部，似乎存在着"取之不尽、用之不竭"的热源。

我们知道，太阳内部每时每刻都在发生着核聚变反应，这是太阳放射出大量光和热及辐射线的根本原因。木星是一个巨大的液态氢星球，液态氢是发生核聚变反应的天然核燃料，木星核心的温度也很高，基本具备进行热核反应所需的高温条件。

木星的物质组成和太阳类似，却没有像太阳那样发生核聚变反应，一个重要原因是因为它的质量太小。根据计算，当组成与太阳基本一致时，只有质量大于太阳质量的7%，才有可能发生核聚变反应。这也意味着木星还要增加质量，当木星将自己的质量增加到目前的100倍时，核聚变才有可能发生。但这还需要几十亿年时间的演化，质量增加伴随着中心压力增加，最终达到最初核反应所需要的压力水平。

一旦木星爆发了大规模的热核反应，木星大气层将充当释放核热能的发射器，那时候，大气层的运动方式将发生本质变化，旋涡运动形式是其中的一种。这种可能性也不是没有。再过几十亿年，木星可能会从曾经的一颗行星摇身一变，而成为一颗名副其实的恒星。

在宇宙中，行星演变为恒星的事情可能会经常发生。相反的演化能否进行，目前还未见报道，不过笔者认为，那也不是不可能。

5. 木星是宇宙清道夫

木星的引力很大，木星凭借自身的强大引力，能轻而易举地吸收大量的星际气体和宇宙尘埃，"玉宇澄清万里埃"原来说的就是它，它就像是一个宇宙清道夫，身影掠过之处，星空变得更加干净。

不仅如此，木星还能使很多彗星偏离轨道而撞向它。从这个角度看，木星起到了地球保护伞的作用。如果没有木星，我们生活的地球

可能会被更多彗星或大石块撞击，这对地球是一个非常严峻的考验。

天文学家认为，木星和彗星或小行星发生了无数次碰撞，在碰撞中，彗星或小行星基本汽化，与木星大气中的氢气和氦气混合在一起，这也是木星大气层密度较大的原因。毫无疑问，那些彗星或小行星在撞击中被木星吞噬殆尽。

我们可以想象，40多亿年前，太阳系各天体之间发生过无数次轰轰烈烈的碰撞，那是另一个层面上的"生存竞争"。那时候的太阳系是一个弱肉强食的战场，"物竞"与"天择"决定着每一个天体的命运，"分久必合、合久必分"的天下大事也没完没了。最终的结果就是较大行星不断吞噬着弱小行星。

事实上，我们的地月系统就是在类似的过程中诞生的，目前基本达到平衡状态。如果辩证地看，现在的平衡状态也是暂时的、相对的和动态的。我们必须意识到，平衡也是脆弱的，随时都会被打破。

三、卫星众多

迄今为止，木星是人类发现的拥有天然卫星最多的行星，登记在册的有68颗。这些卫星连同它们的主行星木星一起组成了木星系，在这个系统中，它们共同围绕着主宰它们的主行星木星运动。

1610年1月，伽利略发现了其中最亮（也是最大）的4颗卫星。后来，人们就把它们命名为伽利略卫星。这里主要论及这四颗卫星。因为其他卫星的体积实在是太小了。

伽利略卫星环绕在离木星40万~190万千米的轨道带上，由内而外依次是木卫一（伊娥）、木卫二（欧罗巴）、木卫三（伽倪墨得斯）和木卫四（卡利斯托）。4颗伽利略卫星和木卫五的轨道几乎在木星的赤道面上。

科学家发现木星运动有变缓的趋势。木星的引潮力对其卫星的运动轨道有重要影响，而且其影响是同步的。受引潮力影响，木卫一、木卫二、木卫三的公转周期比值约为 1∶2∶4（拉普拉斯共振）。天文学家相信，在今后的几亿年时间，木卫四将被锁定，以木卫三的 2 倍和木卫一的 8 倍公转周期围绕木星运行。

1. 木卫一：火山活动猛烈

在木星的 4 颗伽利略卫星中，木卫一（伊娥，是赫拉的女祭司）离木星距离最近，木卫一也是太阳系第四大卫星，其表面火山众多（其中的一些属于超级火山），强烈和频繁的火山活动和地震是木卫一上面经常发生的事情，这决定了其地表形态塑造周期较短、环境很不稳定。

木卫一的直径约为 3630 千米，从其密度、大小和形状来看，木卫一都跟月球相差不大。木卫一表面平原开阔、山脉起伏，高大山峰和幽深峡谷相互映衬，还有许多火山盆地，但其环境非常干燥。

木卫一表层由硅酸盐熔岩构成，类地行星也是这样。伽利略号探测器发回的观测数据表明，它的内核可能由硫化铁组成，其半径大于 900 千米。

我们知道，月球表面布满了环形山和陨石坑，有的已经有数十亿年的历史，所以，月球表面看起来很古老。木卫一的情况则完全不同。天文学家曾经以为木卫一表面有很多环形山。从"旅行者 1 号"传回的照片看，实际情况并非如此。显然，剧烈的火山活动导致它的地形地貌不断变化，这使它的地质结构看起来很年轻。

按理说，太阳系内距离太阳越远，天体就越冷，但木卫一似乎有些例外，这主要是因为其内部剧烈的火山活动。火山活动使其温度上升，在火山口及其附近，温度非常高，最高超过 1700 摄氏度，离火山越远的地方温度越低。木卫一的平均表面温度为零下 140 摄氏度，但也有不少地方相对温和。在太阳系的其他行星或卫星中，没有哪一个

木星——行星世界的巨无霸

在火山数量和爆发形态上可以与木卫一相比。

美国国家航空航天局发射的"旅行者1号"探测器于1980年在木卫一的表面发现了9座火山，火山的喷发高度（70~300千米）之高、喷发速度（平均为1000米/秒）之快、喷发强度之猛烈，远非地球上的火山所能比。

迄今为止，太阳系内火山活动最频繁和激烈的天体就是木卫一。木卫一剧烈的火山活动与它所处的位置有关，它被夹在木星与木卫二之间，强烈的引力和潮汐作用使它内部的物质不断被撕裂，结果就是造成非同寻常的地质运动。

木卫一上山脉连绵、山脉之间的盆地甚至有集聚的熔化硫湖泊，它们的黏度很低，有天文学家推测它们可能是熔融的硅酸盐，个别残缺火山口深不见底。火山周围的硫磺及其化合物颜色各异，外观炫丽。

木卫一基本上是岩石结构，表面覆盖着挥发性钠盐，受热蒸发后，在木卫一的运行轨道上，就形成了一个环状钠云，其上是否还有氢云存在有待进一步考察。在木卫一向阳的那一面存在着一个广大的电离层，其范围足以同金星和火星的电离层相比。

总的来看，木卫一的大气层很稀薄，主要成分是硫的氧化物、氯化钠、微量水蒸气和氧。其他伽利略卫星都拥有固态水，木卫一所含的水却极少，可能是由于它离木星很近吧。

2. 木卫二：上面有大量液态水

木卫二（取名欧罗巴，腓尼基公主，国王阿革诺耳的女儿）的直径约为3138千米，在望远镜中，木卫二是一颗非常明亮的天体。它的体积比月球略小，密度和月球相差不大。

木卫二的组成类似于类地行星，基本上可以确定其内部的分层结构，内核主要由金属构成，内核之外主要由硅酸盐岩石构成，岩石之上是大量液态水，再往外就是冰外壳。

木卫二的表面照片与地球海洋冰的照片相似。这意味着木卫二的表面覆盖着大量冰，冰面上布满了许多纵横交错、密如蛛网的明暗条纹，很可能是冰层的裂缝。

通过分析探测器传回的数据，天文学家推测，木卫二的冰层厚度达50千米，冰层下是海洋，海洋深度超过90千米，这可能是引潮力带来的热量，使水保持液态。如果推测正确，木卫二将是除地球之外，太阳系中唯一一个有大量液态水存在而且储水量最大的地方。这可能就是木卫二表面光滑、反照率高的原因。

木卫二表面光滑，地形起伏不大，天文学家在木卫二上只找到了三座比较大的环形山，其半径还不到3千米。这一信息告诉我们，木卫二上的环形山并不多。

很多天体化学家和生物学家推测，木卫二上的深海水域中很可能有生命存在。或许就有一群水下生物在那个貌似天堂的海洋里演绎着"物竞天择、适者生存"的感人故事。

3. 木卫三：太阳系最大的卫星

木卫三（取名伽倪墨得斯，特洛伊王子，宙斯的酒童）是木星最大的一颗卫星，也是太阳系最大的卫星，木卫三比冥王星大得多。其直径约为5262千米，比水星的直径（4878千米）大，但质量只是水星的一半。

木卫三表面大体包括盖满冰层的明亮区和冰层上堆积着岩质灰尘的黑暗区，有一些地方是横向错开的断层和互相平行的山脊与深沟。天文学家推断，木卫三上可能发生过类似地球那样的板块活动。"旅行者1号"在木卫三表面发现了十分明显的山脊和峡谷的标志，这说明木卫三表面存在断层。

天文学家认为，木卫三的内核主要是铁或铁硫化物，再往外是硅酸盐岩石地幔，最外面是冰质外壳。木卫三和下面将要提到的木卫四表面除了覆盖着砂砾土壤和碎冰屑，也不同程度地覆盖着盐和硫磺。哈勃太空望远镜最近的观测数据表明，在木卫三地壳之下约150千米的地方，可能存在一个深约100千米的巨大海洋，总水量比地球表面的水量还多。如果真是那样，在木卫三上存在生命的概率会明显增加。

在自然力的作用下，古老的地层陨坑遍布，年轻的地层充满大片凹槽和山脊。在这方面，金星和火星有类似之处，土星和天王星的一些卫星上也有类似的地貌形态。木卫三的一些环形山被巨大的凹槽切断，中央洼地令人想起月球的地貌。

哈勃望远镜发现，木卫三上有稀薄的含氧大气，木卫二上也基本是这样。

4. 木卫四：表面布满了环形山

木卫四以希腊神话中的卡利斯托命名，她是月亮与狩猎女神阿耳忒弥斯的侍女，它的直径为4800千米，比水星略小，但其质量只是水星的三分之一。根据木卫四的密度，天体化学家推测，它的结构和物质组成与水星不同，也与木卫三不完全一样，木卫四几乎由40%的冰与60%的岩石组成，也可能会有一些氨和甲烷等。这一点与土卫六和海卫一相似。木卫四地势起伏不大，其表面有密密麻麻的陨石坑。

木卫四上的大盆地其实不少，大盆地周围是层层套叠的环形山，盆地中的明亮区域意味着木卫四表面存在冰层。这个重要信息是"旅行者1号"传回来的。木卫四上的众多环形山见证了这个星球的沧桑岁月，环形山之间犹如被宇宙撕裂的伤口，这样的地形地貌让我们想起了很多天体的历史。

5. 伽利略功不可没

1610年1月的那些夜晚，伽利略通过望远镜对木星进行了仔细观察，然后又花了很长时间仔细绘制了木星运行图。在望远镜里，最令伽利略吃惊的是，几颗卫星正在围绕着木星旋转。而亚里士多德曾经说，宇宙中只有地球才有卫星，在伽利略之前，好像所有科学家都这样认为，包括"地心说"的开创者托勒密。

伽利略前后发现了木星的4颗卫星，即前面提到的4颗伽利略卫星，它们是地球之外首次发现的卫星。4颗伽利略卫星的密度随着卫星与木星距离的增大而减小，这与太阳系中各行星的密度随其与太阳距离而变化的情况非常相似。其背后的原因值得深思。

太阳系中，行星密度随其与太阳距离增大而减小，这是因为距离原始太阳越近，易挥发物质越易被蒸发掉。木星本身就是一个热源，前已提及，木星辐射出的热能是它从太阳接收到的热能的两倍。对于木星系卫星来说，主行星木星就是能量的给予者。

16世纪，伽利略使用的望远镜其实还很简易。就是凭那些自己亲手制作的简易望远镜，伽利略引领人类很好地认识了太阳系、行星（包括它们的卫星）、星系和浩瀚的宇宙，观察到了许多前所未见的太空景象，加深了人类对宇宙的理解。

四、木星光环

光环系统是太阳系巨行星的共同特征。木星是太阳系最大的行星，拥有光环也属正常。闪闪发光是光环的基本特征，但其物质构成却是普通得不能再普通。木星环主要由黑色碎石块、雪团和宇宙尘埃等物质组成。这既在人们的意料之中，又在人们的想象之外。

不过，观测木星光环实属不易，因为它没有土星光环那么明亮和壮观。1979年3月，"旅行者1号"探测器穿越木星赤道平面时，在离地球6亿千米的地方发回了大量珍贵照片，照片中就包含木星的光环信息。4个月后，"旅行者2号"探测器飞临木星，再次证实了这个结论。现在已经知道，木星光环约有9400千米宽，但厚度不到30千米，光环围绕木星旋转一周大约需要7小时。

木星光环由三部分组成：亮环、暗环和晕。暗环最靠里，其次是亮环，晕是包裹着整个亮环和暗环的稀薄尘云。木星光环近于弥散透明状态，仅凭肉眼是看不到暗环的，它就像隐身人一样运行在体积巨大的木星外围。

五、木星上有强烈持久的风暴

木星的巨大身量和快速自转（自转一周只需要 9 小时 50 分 30 秒）导致木星大气"焦躁不安"。这也使木星表面呈现复杂多变的天气系统。因此，我们能观测到的木星云层几乎每时每刻都在变化。

木星表面有各种各样的风暴。这些风暴或大或小，地球人把其中最著名的风暴叫作"大红斑"。"大红斑"是一个沿逆时针方向旋转的古老风暴，早在 300 多年前，人类就发现了这个"大红斑"，有人说是 17 世纪的意大利天文学家卡西尼（Giovanni Domenico Cassini，1625—1712）发现的，也有人说是英国科学家罗伯特·胡克（Hooke Robert，1635—1703）发现的。

我们知道，地球上的飓风最长也就持续几天时间，但木星上的风暴可以持续几年，甚至几百年。从 17 世纪起，"大红斑"就给人们留下了深刻印象。300 多年来，"大红斑"覆盖的范围有时增加、有时缩小，颜色和形状经常发生变化，但从未消失过。

"大红斑"是一个反气旋风暴，它位于木星赤道南部，东西长 25 000～48 000 千米，南北宽 11 000～14 000 千米，面积大约 453 250 000 平方千米，能容纳 3 个地球。"大红斑"的外围云系每 4～6 天按逆时针方向旋转一周，风暴中央的云系运动速度稍慢，运动方向也不恒定。风暴中心经常卷起 8000 米高的云塔，云带之间不断形成很多小风暴，小风暴常合并成大风暴。

300 多年来，很多天文学家对"大红斑"进行了研究，研究结果使我们对木星的大气形态有了更多了解，"大红斑"犹如地球上空的云彩，只是规模巨大，对流剧烈。"大红斑"的颜色时有变化，当它暗弱时，人们只能隐约看到它的轮廓。大红斑在纬度方向上也有漂移运动。卡西尼甚至还利用"大红斑"的变化规律预测过木星的自转周期。

"大红斑"只是木星大气斑纹结构的一部分。在北半球，大气斑纹沿顺时针方向旋转，在南半球，则沿逆时针方向旋转。在旋转过程中，气流从中心缓慢涌出，然后在边缘沉降，形成椭圆的形状。

第十九章

土星：比水还轻

土星是仅次于木星的大行星，直径约为 119 300 千米（约为地球直径的 9.5 倍），体积是地球的 770 倍，质量是地球的 95 倍。土星的密度是 0.68 克/厘米^3，这颗大行星原来比水还轻啊！

如果有一个无边无际的大海，把土星放在海里，就能轻而易举地漂起来。当然，这只是笔者的一种想象。像这样轻的行星，在太阳系恐怕是独一无二的。

一、深植在记忆中

春秋战国时期，中国人就有了比较成熟的"五行学说"。"金、木、水、火、土"这五种要素相生相克，其中渗透着朴素的辩证思维。

在这之前，中国人就知道天空中的行者土星（英文 Saturn，拉丁文 Saturnus），在世界绝大多数地方，土星都有意或无意地在人类记忆里穿行。

土星是一个民族的记忆、一个部落社会的记忆，甚至还是一个个体生命的记忆。这种记忆或清晰或模糊，曾经引起过星象观测者的玄思。记忆不是基于历史，而是基于生命。在史前时期，记忆靠口口相传。有了文字之后，记忆变得更加完整和可靠。

土星略呈黄色，古代中国人根据"五行学说"中的"木青、金白、火赤、水黑、土黄"特征，就将这个略呈黄色的漫游者叫作土星。在古代中国，土星还有另外一个名称，即镇星，笔者的理解也是来自"五行学说"中的相克关系，即土克水。

在古罗马神话中，土星是代表农业和收获的神祇萨图耳努斯（Saturnus），它是天父神刻路斯（Celus）与地母神忒拉（Terra）的儿子，萨图耳努斯相当于古希腊神话中的男神克洛诺斯（Kronos）。

二、神秘面纱

土星是太阳系八大行星之一,至太阳距离(由近到远)排第六。土星与木星、天王星及海王星同属类木行星。

在晴朗的夜晚,我们能看到天空中的水星、金星、火星、木星和土星,其中土星离我们最远。视力较好的人还能看见天王星及小行星带里的灶神星和谷神星,但轮廓会很模糊。

天文学家当初知道土星的时候,还以为它是太阳系最后一颗行星。在晴朗的夜晚,我们肉眼可见的土星是一颗明亮且发出淡黄色光芒的光点,光度通常为+1～0等,以29.5年的周期在黄道上以黄道带的众星作为背景,绕行天球一周。借助于光学仪器,天文爱好者就有可能看到土星上闪闪发光的环了。

1. 形状最扁,夏季也极其寒冷

土星和太阳的平均距离超过了14亿千米(约9个天文单位),和其他行星一样,土星沿着一个椭圆形轨道围绕太阳运动,在轨道上运行的平均速度是9.64千米/秒,土星上的一年(即土星绕太阳公转一周)相当于10 759个地球日(约为29.5个地球年)。可是它的自转速度很快,赤道上的自转周期是10小时14分钟。由于自转极快,它的形状变扁。土星是太阳系行星中形状最扁的一个。

土星绕太阳公转的椭圆轨道相对于地球轨道平面的倾角为2.48°,轨道偏心率是0.056,根据偏心率可以计算出土星与太阳在近日点和远

土星:比水还轻的行星

日点（即行星在运动轨道路径上与太阳最近和最远的两个点）的距离。感兴趣的读者不妨计算一下。笔者在这里要告诉读者的是，两个距离之差大约为 1.5 亿千米。

土星也有四季，只是每一季的时间要长达 7 年多，因为离太阳遥远，夏季也极其寒冷。

2. 土星的中间也有岩石核，但很小

土星的中央部分和木星相似，也是一个很重的核心，但这个核心比木星内部的核心小很多。所以，密度也相应变小。根据各种观测资料，天文学家设想的土星结构如下。

（1）中心是与地球相似的岩石核心，直径约为 12 000 千米，比地球略小一些。这个核心主要由被压碎了的岩石和铁所组成。

（2）岩石核心的周围是一层被压缩但更厚的冰层，成分当然不是水，如果有，也非常少。一般认为，它的主要成分是氢、氦，此外，还有一些碳氢化合物，比如甲烷。据推测，从里到外分别是液态金属氢，然后是液态氢和氦层。这一冰层的平均密度是 1.5 克/厘米^3，厚度为 34 000 千米。

（3）在冰层之上，则是土星的大气层，那里主要是氢和氦，及少量碳氢化合物。大气中还飘浮着由稠密的氨晶体组成的云。大气层的厚度超过 19 000 千米。这个地方的密度是 0.25 克/厘米^3。

3. 组成与木星相似

在化学组成上，土星与木星大体相似，只是氢的含量少一些。木星上甲烷的含量少一些，土星上氨的含量少一些。土星的表面温度低，逃逸速度（约为 35.6 千米/秒）大，所以几十亿年前形成时所拥有的全部氢和氦基本保留至今。科学家认为，研究土星的化学组成和演化对了解太阳内部活动及其演化有很大帮助。

土星表面极其寒冷，高纬度地带经常发生风暴，风暴的猛烈程度不逊于木星。1981 年，当"旅行者 2 号"从距离土星云顶 10 000 千米

的高空越过时传回了大量照片,照片显示其北半球有一个长 8000 千米、宽 6000 千米的大红斑。天文学家认为,土星大气中频繁的上升气流与下降气流碰撞时,由于大气的扰动和旋转而形成了大红斑。

天文学家详细分析了"卡西尼号"太空船传回的图像,发现了土星上有强烈且频繁的闪电,闪电所释放出的能量远不是地球闪电所能比的。

通常情况下,土星的外围大气层相对平淡和宁静,这只是一种外观表现。在大气层底部,风速有时候却高达 1800 千米/时,比木星上的风速还要快。土星的行星磁场强度介于地球和更强的木星之间。

三、迷人的土星环

土星拥有属于自己的光环。光环本身体现了一种自然的美丽。我们由此也深知,自然的美丽不仅在我们身边,也呈现在浩瀚宇宙中。土星光环就是其中之一。在一定程度上,土星因光环而充满魅力,也因光环而令人不解,直到今天。揭开土星光环这一层神秘面纱仍然是天文学家的神圣使命。

1. 土星环的发现

在宇宙中,具有光环的行星不止土星,但土星光环最早被发现。首先发现土星光环的是大名鼎鼎的科学家伽利略。1610 年 7 月的一个夜晚,伽利略用自制望远镜观察到了土星光环。毫无疑问,那个夜晚是伽利略的不眠之夜。兴奋而不知疲倦的伽利略在纸上画了许多土星环的草图。

但是到了 1612 年,伽利略发现土星环突然消失,在他的望远镜里,看到的是一个没有环的土星，这让伽利略倍感困惑。他不知道，那时候土星环正以侧面朝向地球，这就是他没有看见土星环的根本原因。这种情况持续了一段时间，到了1613年，他又看见了那个美丽的环。看到土星环的那一时刻，伽利略轻轻松了口气，好像一块石头落了地，但心中的困惑并没有因此而减弱。

对土星光环进行初步研究的科学家是克里斯蒂安·惠更斯（Christiaan Huyghens，1629—1695）。他是荷兰物理学家和数学家，也是天文学家。惠更斯心灵手巧，擅长设计和制造精密的光学和天文仪器，他也磨制透镜。1655年，他用自己改进的望远镜观测到了完整的土星环，他这样记录了自己的观测结果："它（指土星）被一个薄且平坦的环环绕着，环与土星没有接触，并且相对黄道倾斜。"

1675年，意大利天文学家乔凡尼·卡西尼（Ciovanni Domenico Cassini，1625—1712）发现土星环不止一个，环与环之间存在暗缝，不久之后，人们就把其中最明显的环缝叫卡西尼缝。卡西尼缝的宽度约有4800千米。一颗普通行星竟然存在很多闪闪发光的环，这算不算一种天文奇观？

卡西尼的天才还在于他准确预言了土星环的基本构成。卡西尼说，构成土星光环的是众多微小颗粒或物质碎片。

一个多世纪后的1859年，英国物理学家和数学家麦克斯韦（James Clerk Maxwell，1831—1879）再次肯定了卡西尼的观点，他说："土星环不可能是完整固体，否则将会因为不稳定而碎裂。"麦克斯韦认为，环上无数的物质碎片都独立地环绕着土星运行。这个猜想后来得到了验证，这要得益于光谱学发展带来的便利。

"旅行者2号"观测发现，土星光环中偶有闪电穿过，其威力超过地球上闪电的几万倍乃至几十万倍。那应该是堆积已久的大量正负电荷相遇、碰撞而淹没的结果。

2. 土星环的起源

土星环的起源有多种说法。有一种观点认为，土星环原本可能是土星的一颗卫星，由于轨道衰减而落入洛希极限的范围内，在土星强大引潮力作用下四分五裂，结果成为环绕土星的碎片物质。

洛希极限是法国天文学家洛希（Roche Edourd Albert，1820—1883）提出来的，时间是1860年，其基本内涵是：卫星之所以绕行星旋转而不飞离，是因为它不断受到行星强大引力的吸引。以地月关系为例，通常情况下，月球围绕地球旋转，这就是我们所说的常态。但月球受到地球的引力大小与它们相互间的距离成反比，距离越近，引力越大，当引力大到某一极限时，月球将被撕裂成碎片。这一极限就是洛希极限。

洛希极限是一个距离，天体力学研究结果表明，当行星与卫星距离近到一定程度时，潮汐作用就会使流体团解体分散。这个使卫星解体的距离的极限值是由法国天文学家洛希（Edourd Albert Roche，1820—1883）首先求得的，因此称为洛希极限。当第一个天体和与之相邻天体的距离为洛希极限时，天体自身的重力和相邻天体造成的潮汐力相等。如果这个距离小于洛希极限，天体就会倾向碎散，继而成为第二个天体的环。

如果卫星和它的主星密度相等，则洛希极限为行星半径的2.44倍。在太阳系中，卫星与其母行星之间的距离远大于洛希极限，所以，它们能够平安无事地维持现状。但土星的光环在这个极限之内，因此就被撕裂成碎片了。

简单介绍另外两种观点。也有可能是一颗小行星或彗星撞击了土星的卫星，最终导致其分崩离析，而形成了后来的环。还有一种可能，环的形成与土星的形成基本同步，都来自孕育土星系统的原始星云。

3. 土星环的本来面目

借助于放大80倍的望远镜，能看见土星环，在大气稳定时，借助于放大100倍以上的望远镜能看到卡西尼环缝。

飞掠土星的"卡西尼号"探测器传回的照片揭示了土星环的真相，原来其主要成分是冰与岩的碎片，而且非常多，绝大多数不超过1米，最小的冰晶或碎屑不超过1厘米。土星环数目众多、形状各异,大部分环对称、少量环不对称。一般而言,土星环的内侧以尘埃为主、外侧以水冰为主。虽然惠更斯、卡西尼和麦克斯韦曾经预言了土星环的基本构成,照片还是让科学家非常吃惊。

四、色彩缤纷的卫星世界

和木星一样,土星的卫星众多。在理论上,土星环上体积较大的冰与岩都可称为卫星,不过,这也模糊了大冰块和小卫星之间的界限。学术界已经确认的卫星有62颗,其中土卫六最大,直径超过1000千米的卫星还有土卫三、土卫四、土卫五和土卫八。许多卫星都非常小。能靠自身的重力达到流体静力平衡的卫星只有7颗,而且基本前提是质量和体积必须足够大。

1. 发现过程

土星卫星的发现经历了两个多世纪。1655年3月25日,惠更斯发现了土卫六。这也是继1610年木星的4颗大卫星(即伽利略卫星)后发现的又一颗卫星。惠更斯原本打算用他的望远镜对准土星,研究土星光环,结果却不经意地在土星旁边发现了一颗体积不小的卫星,这就是土卫六(Titan,提坦)。

稍后不久,卡西尼发现了土卫三、土卫四、土卫五和土卫八。1789年,德国天文学家威廉·赫歇尔发现了土卫一和土卫二。1848年,美国天文学家邦德(G. Bond)和英国天文学家拉塞尔(W. Lassell)各自独立发现了土卫七(Hyperion,亥帕瑞恩)。1899年,美国天文学家皮科林(William Pickering,1858—1938)发现了土卫九。

2. 土卫六：个头最大，上面有液氮海洋和甲烷湖泊

在土星的众多卫星中，土卫六（Titan，提坦）个头最大，它也是太阳系内的第二大卫星。在希腊神话中，提坦是克洛诺斯（他的罗马神话的对应者是萨图恩）和他的兄弟姐妹们的统称。土卫六质量与木卫三、木卫四、海卫一和冥王星（小行星 134340）大体类似。

天文学家曾经认为土卫六是太阳系的卫星之王，后来发现它只能排第二（直径约为 5150 千米）。尽管如此，它也远比冥王星个头大。土卫六的平均密度（约 1.9 克/厘米^3）比地球密度（约 5.51 克/厘米^3）小很多，引力只有地球的 14%。从这些数据可看出土卫六的与众不同。

土卫六与土星的平均距离是 122 万千米，土卫六的轨道基本上在土星赤道面内，沿着近乎正圆形的轨道绕土星运动。这一切都以一种和谐的美学形式呈现出天体演化的自然奇观。

我们知道，月球有一面永远朝向地球，所以我们永远看不到月球的另一面。土卫六也是一颗被潮汐锁定的卫星，这也意味着，如果在土星上看土卫六的话，永远只能看到土卫六的同一个半面。

土卫六表面寒冷且黑暗，地表存在以液氮为主的海洋，大地上方是暗红的天空，有时会洒下几滴夹杂着碳氢化合物的氮雨，这正是人类了解生命起源和宇宙早期各种化学反应的理想场所。

20 世纪初，西班牙天文学家何塞·科马斯·索拉发现，土卫六的圆面边界轮廓不清晰，那些模模糊糊的阴影意味着土卫六上有浓密大气。1944 年，荷兰裔美国天文学家杰拉德·柯伊伯（Gerard Kuiper，1905—1973）对土卫六的大气进行了光谱分析后指出，土卫六的大气中含有甲烷。

在太阳系的诸多卫星中，土卫六的大气层最值得一提。它既有岩石质结构，又有浓密大气层，而且大气的主要成分是氮气，这一点与地球相似。在它的云层中，还包含甲烷和其他碳氢化合物，即使有水也非常少。很多太空生物学家把土卫六和地球的大气进行比较研究，希望通过研究土卫六的大气情况，追踪地球生命形成之初复杂有机分

子形成。

土卫六的大气压力是地球的 1.5 倍，但引力很弱，引力不到地球的 1/7，比月球的引力场还要弱一些，如此低的引力却能够保持浓厚的大气，确实需要我们研究。

土卫六的大气主要含有氮气，其次是甲烷等，这样的大气根本不适合地球生命生长。考虑到土卫六的大气压力与地球相差不大，宇航员可以在土卫六上自由行走，但是要戴上呼吸面罩，还要穿防寒宇航服。

土卫六上存在大量氮和有机化合物，与地球早期生命形成时的环境有某种相似。从生命演化的角度看，土卫六上的氰和烃在一定条件下可生成腈，腈被其上的水冰水解，生成羧酸和胺类物质，后两者进一步反应，生成氨基酸，氨基酸出现的重大意义在于，它是构成生命的基石。这也是生物化学家感兴趣的地方。

但土卫六是一颗寒冷的星球，土卫六表面的平均温度约为 -179℃。极低的温度、缺水的环境、缺乏磁场的保护，以及在运行的过程中，很多时候可能会直接暴露在太阳风下，这都是生命演化的致命因素。笔者认为，这样的环境根本不可能有生命存在，即使是如上所说的生命演化前的化学演化也几乎难以实现。

在土卫六的两极，可能存在大面积甲烷湖泊。2004 年，"卡西尼号"探测器抵达土星附近，从那之后，科学家就致力于研究土卫六极地附近甲烷湖泊的特征，据推测，在土卫六南极附近，有一个面积约 3.4 万平方千米的湖泊。这个湖泊随季节或气候变化而变化。有时候，它只是一片沼泽地，当暴风雨来临时，湖泊就会变宽变深，湖泊中日夜奔涌着的主要是液体甲烷。这也从一个侧面证实，这个大型寒冷的卫星上可能存在甲烷雨。

2006 年 7 月，根据"卡西尼号"太空船传回的数据和图像，科学家推测，在土卫六的北极附近也存在类似湖泊，半年之后，这一推测获得证实。

土星的诸多卫星大都遭受过彗星或小行星的撞击。今天，土卫六

土星的卫星和光环

的大气与早期的地球有某种类似。或许几亿年或十几亿年后，有浓厚大气层的土卫六能进化出顽强的生命。

3. 其他卫星

除土卫六外，土星的其他卫星都比较小，它们在土星赤道平面附近以近似圆形的轨道绕土星转动。旅行者探测器在几个较大的卫星上发现了陨石撞击产生的疤痕或撞击坑。

土卫一表面有一个巨大陨石坑，卫星表面的1/3快要被宇宙之力撕裂。土卫二上面既有荒凉的陨石坑和断裂的山脊，也有反射率很高的莽原，它的不同区域代表着不同的历史时期。

一条巨大的沟壑将土卫三撕裂成两部分，可能是其内部地质运动的结果。一颗不大的卫星上竟有如此强烈的地质运动变化，真是一个难解的谜。土卫四（表面有稀疏而明亮的条纹，其上可能有冰与岩的混合体）。

土卫七是一颗不规则（或非球形）天体，很像宇宙暴力中幸存下来的碎片，其表面参差不齐，不规则形状和坑坑洼洼的表面影响了它的"光辉形象"，从土卫七上撕裂下来的碎片可能已进入了土星光环。土卫七的自转轴不停摇晃，空间指向相对无序，像这样自转混沌的星体是很独特的。在远古时期，很多星体可能都经历过这样的混沌时期，这是不规则星体的共同特征。土卫七与土卫六相互共振，它们的公转偏心率较大，公转共振比约为3∶4。这些因素有可能是引起土卫七自转混沌的重要原因。土卫七每21.3天绕土星旋转一周。

土卫八是土星的第三大卫星，它在土卫六的外侧，距离土卫六非常远，距离主行星土星更远且运动轨道倾斜角度大，因此成为唯一一颗能看到土星环的卫星。土卫八的一侧很亮，亮的那一面能将大约一半照射到上面的光反射出去，而另一侧几乎一片黑暗。天文学家认为，黑暗区域形成的主要原因可能是土星环的尘埃飞溅到了上面。

土卫九（直径约220千米）是一颗外形较不规则的卫星，由于距离土星遥远，所以在土卫九上看到的土星不大。土卫九还是土星系统内唯一一颗逆行卫星，这真是太令人意外了，是不是有点"大逆不道"？土卫九围绕土星的运动方向和土星绕太阳的运动方向相反，同时，由于土卫九和土星的自转方向相反，所以就会觉得它们的相对自转速度很快。在土卫九上，会看到土星、太阳和其他恒星从西方升起，不到5小时就从东方落下的奇观。土卫九上有冰存在，大量陨石撞击使土卫九上伤痕累累。

土卫十离土星只有159 500千米，仅为土星赤道半径的2.66倍，已接近洛希极限。

第章
天王星：乌拉诺斯的冰与岩

天王星（Uranus）与太阳的距离为18～20个天文单位，是太阳系由内向外排列的第七颗行星，其体积在太阳系中排名第三（比海王星大），质量排名第四（比海王星小），几乎是横躺着围绕太阳公转。

天王星是唯一取自希腊神话而非罗马神话的行星，其英文名称"Uranus"来自古希腊神话中的天空之神乌拉诺斯（Οὐρανός），乌拉诺斯是克洛诺斯的父亲、宙斯的祖父，翻译成拉丁文就是天空之神，中文则称为天王星。

天王星的视星等为+5.6～+5.9等，勉强在肉眼可见的+6.0等之上。在晴朗的夜晚，在没有空气污染和光污染的遥远乡村，隐约可以看见，但较为黯淡。天王星绕行速度缓慢，在望远镜发明之前和发明初期，人们曾把它当作一颗恒星看待，从未想到它是一颗在太空中穿梭的行星。

德国天文学家威廉·赫歇尔于1781年发现了它。天王星的发现使太阳系的界限扩展到了20个天文单位，天王星也是人类通过望远镜发现的第一颗行星。

一、基本特征

天王星的直径是地球的4倍，体积是地球的63倍，质量是地球的14.5倍，密度是1.29克/厘米^3（只比土星高一些），在类木行星中，天王星的质量最小。这些数值显示天王星主要由各种各样的挥发性物质，如水、氨和甲烷等组成。

天王星的中心是岩石核，其半径约为天王星的1/5，尽管岩石核很小，密度却非常大（约 9 克 / 厘米^3）；再往外是冰的地函，其厚度超过了天王星半径的 3/5，质量超过地球的 13 倍，可见其庞大。在岩石核与地函的交界处，压力约为 800 万巴，温度约为 4000 多摄氏度。可见，地函并非一般意义的冰，而是由很多物质组成的流体，它们形成了天王星上别具一格的海洋。天王星的最外面主要是由氢和氦组成的外壳。

天王星每 84 个地球年环绕太阳公转一周，这也是天王星的一年，一个人能活过天王星的一年也算是高寿了。

二、天王星的大气和云层

天王星与太阳的平均距离大约为太阳和地球距离的 20 倍，阳光的强度只有地球的 1/400，这也决定了天王星表面的温度。天王星是太阳系内大气层最冷的行星，大气顶层的最低温度只有 49 开（约 -224℃）。

在大小和组成方面，天王星与海王星很相似，但海王星释放到太空中的热量是来自太阳热量的 2.61 倍，而天王星几乎没有多出来的热量被放出。看来，天王星的内热明显比其他类木行星低。

天王星和下一章要提到的海王星的内部和大气构成有相似之处。虽然天王星内部没有明确的固体表面，但天王星的外面被大量气体包围，这就是天王星的大气层。

氢和氦是天王星大气的主要成分，在外部大气层中，还有一定量由水、氨、甲烷等结成的"冰"，以及其他碳氢化合物。天王星的外部大气层具有复杂的云层结构，水在最低的云层内，而甲烷构成最高处的云层。与其他气体巨星相比，天王星的大气层还算平静。

"旅行者 2 号"在掠过天王星时拍了很多照片，传回来的照片资料显示，它观察到了10个横跨过整个行星的云带特征，这些云带特征对天文学家研究天王星的大气成分及内热有重要参考价值。

在天王星对流层的上层，氦的质量百分比很接近原恒星质量。在天王星的大气层中，含量占第三位的是甲烷。甲烷在可见和近红外的吸收带使天王星显示蓝绿或深蓝色。

在天王星的上层大气层中，天体化学家捕捉到了一些碳氢化合物，这些含量很低的碳氢化合物很可能是太阳的紫外线辐射导致大气层发生化学变化而来。对天王星的光谱分析也捕捉到了水蒸气、一氧化碳和二氧化碳的踪影，它们很可能来自于彗星和其他外部天体的落尘。

和所有类木行星一样，天王星的自转周期也很快，所以，在天王星上部的大气层迎着自转的方向可以体验到非常强烈的风。在天王星的高空，经常可以看见移动得非常迅速的大气。在天王星的两极，自转一周大约只需14个小时。

三、天王星的卫星和光环

天王星有27颗天然卫星，这些卫星的名称都出自莎士比亚（William Shakespeare，1564—1616，英国文学史上最杰出的戏剧家，也是西方文艺史上杰出的作家，世界最卓越的文学家之一）和蒲伯（Alexander Pope，1688—1744，18世纪英国最伟大的诗人，杰出的启蒙主义者）的歌剧。

在这些卫星中，天卫三个头最大（直径约为1578千米）。天文学家在天卫三发现了很多火山灰，这是火山活动留下的明显痕迹。天卫三上有长达数千千米的大峡谷，峡谷口也是空气对流最剧烈的地方。天卫三表面可能富含甲烷及水冰。

天卫四略小于天卫三，其直径约为 1522 千米，天卫四布满了陨石坑。陨石坑底有许多暗区，可能已经填满了冰岩。天卫二排第三（直径约 1169 千米），天卫一排第四（直径约 1158 千米），天卫五排第五（直径约 471 千米），其余的那些卫星都很小。

木星和土星都有自己的光环系统，天王星同样如此。在天文学发展史上，从发现天王星到发现天王星光环花费了近两个世纪时间，从中可见发现的不易。在天王星的 13 个光环中，最明亮的环是 ε（Epsilon）环，其他的环都非常黯淡，天文学家认为，天王星的环相当年轻，环中的物质可能来自被宇宙力量撕裂成碎片的卫星，大部分碎片是直径从几米到几十米不等的冰块。

四、奇特的季节交替

天王星上有奇特的季节交替，这种季节交替是由天王星的自转轴（即南极和北极的连接线）躺在轨道平面上造成的。

春天到来时，北半球的昼与夜变化迅速，白天只有 5 小时 25 分。这样的光景要持续 21 年。接下来是夏天，那时候，连续 21 年，北半球持续面向太阳的持续照射，这就是所谓的极昼。此时的南半球则是冬天的长年暗夜。一过这个时期，北半球的秋天来临，昼和夜开始交替，这时的南半球，自然是所谓的春天了。

接着，北半球迎来了它的冬天，那里长年背向太阳，那时候，这个极区会有 21 年背向太阳（处于极夜状态）。只有在赤道附近狭窄的区域内可以体会到迅速的日夜交替，但太阳的位置非常低，有如在地球的极区看到的那样。这时的南半球正是夏季，那里连续 21 年都是白天，看不见太阳下沉。

天王星上面非常寒冷

因为天王星属于气态冰巨星，所以经常爆发风暴。某些特殊的风暴竟能持续近 10 年的时间。

天王星虽然也有季节变化，但总体来说，天王星几乎是一望无际的冰雪世界，所以，天文学家也把它叫冰巨星。

第二十一章
海王星：梦幻的蓝色绵延

海王星是唯一利用牛顿力学定律通过数学计算准确预言的行星。根据与太阳的距离由近及远排序，海王星（Neptune）是第八颗行星。在太阳系八大行星中，海王星体积排第四，质量排第三。其亮度仅为 7.85 等，我们用肉眼是看不见的，只有在天文望远镜里才能看到它。

西方人之所以用罗马神话中的海神"尼普顿"称呼它，是因为它那若隐若现的淡蓝色光芒。

一、那里极其寒冷

海王星与太阳的平均距离为 44.96 亿千米,是地球到太阳距离的 30 倍(即 30 个天文单位)。海王星距离太阳遥远,是太阳系最冷的地区之一,它接收到太阳的光和热不到地球的 1/5。

海王星以 5.43 千米/秒的速度沿着近似圆形的轨道绕着太阳旋转,公转一周需要 165 年,人类若生活在这个星球上,即使是最长寿的人,也很难活到它的一年。不过它一天的时间很短,自转一周仅需 15 小时 57 分 59 秒。像这样一个体积大、质量大、自转快的行星,引力一定也非常大。

海王星的直径是 49 500 千米,体积相当于 57 个地球,质量是木星的 1/18、是地球的 17 倍多,所以,海王星的质量比典型的类木行星小,但比地球要大很多,属于中等大小的行星。不仅如此,其密度、成分、内部结构也与类木行星有显著差别。

海王星的内核很小,其质量不超过一个地球质量,结构与天王星有类似之处。海王星内核的压力是地球表面大气压的数百万倍,通过比较转速和偏心率可知,海王星的质量分布不如天王星集中。行星核外是厚度巨大的地幔,海王星表面的三态(气、液、固)混沌不堪,再加上那里极其寒冷,宇宙飞船不可能直接登陆。

二、大气组成

我们常常把海王星和天王星称为冰巨星，这两颗行星属于"类木行星"的一个子类。在海王星表面，覆盖着几千千米厚的冰层，其外表则被浓密的大气包围，而由大气层顶端向内温度逐渐上升。

海王星和天王星有大致相近的构成，气体和冰是其表面特点。它们属于远日行星，而不是严格意义上的"类木行星"。海王星表面温度非常低，顶端云层的温度约为-224℃。

但在其核心，温度高达7000℃，差不多是太阳表面的温度，这和大多数已知的行星相似。天文学家还不清楚星球内部热量的来源，一种可能的原因是内核的放射热或重力波对平流圈界面的扰动。

海王星的大气层以氢和氦为主，还有一定量的甲烷和少量氨气。除氦之外，基本是还原性气体。在高海拔处，大气层的甲烷部分使海王星呈现蓝色，这一点与天王星相似，至少这是颜色基调的主要原因。

虽然很多行星，特别是巨行星上有强烈风暴，但海王星上的风暴可能是最强烈的，测量到的风速高达2100千米/时，地球上的风暴和海王星相比，那可是小巫见大巫了。这么大的风速不知从何而来，能量之源在何方？

三、卫星和光环

海王星也有卫星和光环。在 14 颗已知的天然卫星中,最大的、也是唯一拥有足够质量成为球体的海卫一的直径是 2700 千米。海卫二和海卫八稍大些,其他卫星都很小。海卫一还是太阳系中已知的最冷天体,温度为 -235℃。

海卫一围绕海王星逆行(即轨道公转方向与行星的自转方向相反),很多较大卫星的运动轨道恰恰相反,天文学家认为,海卫一曾经可能是柯伊伯带的一个天体,有一天不小心跑到了海王星的势力范围而被海王星俘获。

所谓柯伊伯带是太阳系的一个空间区域,具体指太阳系在海王星轨道外黄道面附近的一个中空圆盘状区域,该区域距离太阳 40~50 个天文单位。过去人们一直认为柯伊伯带是太阳系的尽头所在,那里是一片空虚,但后来的发现证明,那里有各种各样、大小不同的冰冻物体。

因为海卫一距离其主行星海王星很近,结果它被锁定在同步轨道上,天文学家发现,海卫一的运动轨道随时间缓慢地靠近海王星,如果有一天越过了洛希极限,它就会被海王星的引力撕裂。

1977 年 8 月 20 日,"旅行者 2 号"探测器从肯尼迪航天中心发射升空。12 年之后,探测器飞越海王星,在距离海王星 4827 千米的最近点拍了大量照片,照片再现了远在 45 亿千米之外海王星的面貌和轮廓。

"旅行者 2 号"探测器发现了海王星的 6 颗卫星,首次发现了海王星有 5 条光环,其中 3 条暗淡、2 条明亮。在地球上,通过望远镜只能观察到暗淡模糊的圆弧,而非完整的光环。这颗蓝色行星有着暗淡的天蓝色圆环,但与土星比相去甚远。

第二十二章
冥王星：遥远的矮行星

冥王星（Pluto）是一颗处于太阳系边缘的小天体，直径仅为月球的三分之二。它围绕太阳运行一圈（即轨道周期或公转周期）约需要 248 个地球年，或者说，这就是冥王星的一年。

自人类发现冥王星以来，它才转了三分之一圈多一些。冥王星的表面温度低于 -220℃，可以说是一个冰冻星球，是一个名副其实的玄冰世界。

一、来自冥河的音讯

冥王星的自转周期相当于地球的 6.387 天。想当初，天文学家通过观测发现，冥王星亮度每 6 天零 9 小时发生一个周期性变化，这正是他们知道它自转周期的奥秘。在冥王星上，一天的时间超过了 150 小时，是不是有些漫长？

冥王星的白天比地球的白天暗很多，但要比满月的夜晚亮很多。

1. 轨道运动特点

冥王星是太阳系中第二个反差极大的天体（仅次于土卫八）。冥王星的轨道特征与其他行星明显不一样，它的轨道是高度倾斜的（轨道面对黄道面的倾角超过 17°，比其他行星都大），并且有着高偏心率，这使得它的运动轨道呈椭圆形。它的椭圆形轨道位于太阳系中被称为柯伊伯带的区域。椭圆形运动轨道也意味着，当冥王星处于不同位置时，与太阳的距离有天壤之别。

当冥王星处于近日点时，距离太阳大约是 44 亿千米；在远日点时，距离太阳约为 73 亿千米。在近日点附近，冥王星比海王星离太阳还近，这时海王星就成了离太阳最远的行星。在 1979～1999 年的 20 年时间，冥王星就比海王星更靠近太阳。在围绕太阳的一个运动周期内，冥王星和海王星有时候远离、有时候接近。两颗行星存在轨道交叉现象。

冥王星公转周期和海王星公转周期的比值为 3∶2，由于距离遥远，其轨道交角也远离其他行星。表面看来，在冥王星围绕太阳的运转过程中，其运动轨道有一次穿越了海王星的轨道，但它们之间的距离很大，轨道平面也不重合。所以，它们永远也不会碰撞。

冥王星和海王星运行轨道的不寻常使一些天文学家认为，海卫一原本与冥王星一样，自由地运行在环绕太阳的独立轨道上，后来被海王星吸引过去，成为海王星的一颗卫星。海卫一、冥王星和冥卫一可能是一大类相似天体中还存在的成员，其他一些都被排斥到奥尔特云（柯伊伯带以外的物质）中了。这个区域一直是太阳系小行星和彗星诞生的地方。

2. 密度和组成

海王星距离太阳遥远，在海王星上看到的太阳虽然闪闪发光，但并非我们想象中的圆盘，在冥王星上看到的太阳还要小一些。一般而言，行星反射阳光的多少与照射到上面的太阳光的多少成正比。这就是冥王星被人们发现晚的主要原因。

冥王星的平均密度约为 2.0 克/厘米^3，质量为 1.290×10^{22} 千克。其平均密度明显介于类地行星与木星和土星之间，而与天王星、海王星相近，这正是人们把类木行星再分为巨行星（木星、土星）和远日行星（天王星、海王星、冥王星）的重要原因。

因为距离遥远，我们很难直接知道冥王星的物质组成，但有间接的办法，光谱和密度等就是重要信息，它们会启发我们作出分析和判断。研究结果表明，那里约有 2/3 的岩石和 1/3 的冰水混合而成，海卫一的物质组成与此类似。冥王星地表的光亮区域可能覆盖着一些固体氮以及少量的固体甲烷和一氧化碳，冥王星表面的黑暗部分可能是一些低维的小分子有机物质，或者由宇宙射线引发的化学反应所产生的光谱现象。

3. 冥王星的卫星

冥王星有 5 颗卫星：冥卫一（卡戎）、冥卫二（尼克斯）、冥卫三（许德拉）、冥卫四（瑟伯勒斯）和冥卫五（斯蒂克斯）。这些卫星的名字均来自希腊神话，分别是冥河船夫、冥界黑暗女神、九头蛇、地狱三头犬和冥河的名字。

冥王星的直径约为 2322 千米，而冥卫一的直径为 1180 千米，两者的直径之比接近 2∶1，是太阳系九大行星中行星与卫星直径比最小的一种。所以，有人说冥王星和它的卫星更像一个双行星系统。

其实，宇宙中某个共同空间的若干天体在演化中会自动排座次并进入有序状态，质量和体积大的天体往往居中，那些小天体就会围绕着它运动，这是宇宙中普遍遵循的规律。但当共同空间的两个天体相差不显著时，它们就有可能围绕共同的质心相互绕行。

最近的研究发现，冥王星和冥卫一就是这样一个例子，它们确实构成了一个双星系统，相互间围绕共同的质心旋转。质心的位置靠近冥王星一侧，质心与冥王星和冥卫一的距离之比是 1∶7，考虑到冥王星的质量是卡戎 8 倍，这是一个非常合理的结果。这种情况在太阳系内并不多见。两个天体沿质心公转的周期与各自的自转周期相同，结果导致冥王星与冥卫一相互潮汐锁定。2007 年，双子星天文台在冥卫一表面观察到了氨水和水的晶体，暗示了活跃冰火山的存在。

在希腊神话中，卡戎是普鲁托的一个役卒（即冥河船夫），它的职责就是在冥河上渡亡灵。

4. 冥王星的大气和极冠

冥王星的地面压强只有约百万分之一帕斯卡。和地球相比，那里几乎没有大气，当冥王星沿着公转轨道运动到近日点时，其大气层才可能有少许气体，在更多时间里，那里都是一望无际的冰封世界。不过，在靠近近日点时，一部分大气可能会散逸到宇宙空间，这是因为冥王星的引力和地面压强太小了。

尽管冥王星大气稀薄，仍可能有微量的氢、氦、氮、甲烷、氨和水等气态分子存在，在两极地区存在明显极冠，那里主要是甲烷冰。掩星观测证实了这一事实。由于离太阳遥远（平均距离约 59 亿千米），阳光直射下的地表温度约为 50 开，夜晚最低温度约为 20 开。如此低温缔造的是一个固态世界。天体物理学家推测，冥王星表面应该覆盖着厚厚的冰层，而且非常坚硬，但冰层之下的世界仍然是个未知数。

这里简单介绍掩星这个概念。当一个天体在另一个天体与观测者之间通过时，这个天体就会遮蔽另一个天体，这种现象就是掩星现象。它是一种天文现象，也是宇宙中的常见现象，日全食其实就是月掩星（指月亮遮蔽了太阳）。通常我们所说的掩星现象指掩蔽者的视面积比被掩者大。否则，我们就用"凌"来形容，大家熟悉的金星凌日就属于这种情况。在汉语中，"凌"有"以小欺大"的意思。

二、不再是九大行星

20 世纪早期，很多天文学家认为，太阳系外围第九颗行星的存在导致了天王星和海王星运动轨道的异常摄动。自从 1930 年 2 月 18 日美国天文学家汤博（Clyde William Tombaugh，1906—1997）发现冥王星后，就把它与其他八大行星并列，称其为第九大行星。

冥王星离我们十分遥远。汤博发现冥王星之初，人们只知道它是遥远天边的一颗陌生行星、它的一年大约相当于地球人的 250 年。由于当时的计算有误和观测不准，天文学家还以为冥王星的质量比我们的地球大，所以把冥王星看作是太阳系的九大行星之一。除此之外，人类对冥王星所知甚少。

这种"优厚待遇"一直维持到 2006 年。从 2000 年起，在太阳系边缘、海王星外侧的柯伊伯带中不断发现新天体，其中一些个头并不小。

2005 年 7 月 9 日，在柯伊伯带及海王星外，新发现了阋神星（136199 Eris，厄里斯），当时的观测表明，它比冥王星大，有可能是海王星外已知最大的天体,在公布发现时,阋神星曾被其发现者和 NASA 等组织称为"第十大行星"。

现在我们知道,阋神星位于遥远的柯伊伯带,其直径(约 2326±12 千米)略小于冥王星。阋神星到太阳的距离是冥王星到太阳距离的 3 倍。远日点距离太阳约 97.56 个天文单位,近日点距离太阳不到 38 个天文单位。它的轨道极为倾斜,公转周期为 557 年。

一段时间以来,天文学家就冥王星和阋神星的归属问题犹豫不决,问题的核心在于要不要把它们划归太阳系行星行列,或者从行星队伍中剔除。

阋神星的发现使国际天文学界觉得冥王星应该归入矮行星。在 2006 年 8 月 24 日国际天文学联合会大会上,国际天文学界将冥王星从大行星中除名,被降级为"矮行星"(dwarf planet),编号为 134340。很多人感到郁闷和不解,包括许多天文学家在内,在情感层面上,他们觉得这对冥王星太不公平,因为九大行星已根植于人们心中,在意识深处已达成了某种默契,好像缺少了冥王星,我们的太阳系就不完整了。

但科学追求的就是严谨。在定义和概念边界处,没有商量的余地。

根据国际天文学联合会大会的决议,从 2006 年 8 月 24 日起,不再认为冥王星是行星,而是漫游在太阳系边缘的一颗"矮行星"。因为太阳系中有 7 颗卫星(月球、木卫一、木卫二、木卫三、木卫四、土卫六和海卫一)比冥王星大。

国际天文学联合会为此重新给行星下了定义:①必须围绕太阳运行;②质量必须足够大,能在自身重力的作用下呈球形;③必须能清空其轨道周围的物体。按照新定义,冥王星不符合第三条,这是国际天文学联合会将冥王星归为"矮行星"的主要原因。

在太阳系的诸多矮行星中,冥王星是较大的一颗,它位于海王星以外的柯伊伯带内侧。截至目前,冥王星是太阳系边缘柯伊伯带的最大天体。我们希望今后能有更多的发现。

冥王星：漫游在太阳系边缘的矮行星

三、新视野号探测器的新发现

经过 9 年多的长途跋涉,"新视野号"探测器行程约 50 亿千米,成功抵达冥王星及其卫星系统,成为人类首颗造访冥王星的探测器。美国东部时间 2015 年 7 月 14 日 7 时 50 分(北京时间 7 月 14 日 19 时 50 分),"新视野号"从距冥王星 12 500 千米处飞掠,那一时刻,位于马里兰州的"新视野号"开发人员与飞行控制中心兴奋的科学家们欢呼雀跃的画面感动了所有人。

冥王星距离地球十分遥远,"新视野号"探测器发出的信号以光速前进,需要在宇宙空间旅行 4 个多小时才能被我们捕捉到。

在近距离观测冥王星之后,"新视野号"探测器不会停留,也不会围绕冥王星行驶,它将继续前往"柯伊伯带"的纵深处,也许会有更多太阳系边缘的天文信息传回地球。

"新视野号"探测器于 2006 年 1 月 19 日发射升空,它是有史以来最快的人造飞行器(速度为 16.26 千米/秒)。发射 9 小时后,它就飞越了月球轨道,而当年"阿波罗号"用了 3 天时间才飞到了月球。

2007 年 2 月 28 日,"新视野号"探测器飞掠木星时,借助于木星重力获得了引力助推,速度增加了 4 千米/秒,使其相对于太阳的速度达到了 23 千米/秒,大大缩短了飞往冥王星的时间。

"新视野号"上主要的科学仪器包括:能量粒子谱仪、太阳风测量仪、远程勘测成像仪、无线电科学实验仪、紫外成像光谱仪、可见光-红外成像仪和宇宙尘分析仪。这些设备可以探测冥王星的地形地貌、化学成分、温度、大气压等重要参数。这些参数或图像传回地球后，天文学家就可以据此研究"柯伊佰带"的基本特征、形成和未来演化。

2015年4月29日，"新视野号"探测器捕捉到当时最清晰的冥王星影像，照片可以观察到星球的表面特征，其中包括疑似极区冰帽。根据从"新视野号"探测器传回的照片，天文学家在冥王星的中心区域发现了一片广袤的冰冻平原，上面没有任何陨石坑，这个平原年龄不超过1亿年，而且很有可能仍处在地质形成过程中。

2015年7月14日，"新视野号"探测器飞掠冥王星，测得冥王星直径为2370千米，误差值为正负20千米，这一数据略大于阋神星。迄今为止，冥王星还是矮行星之王。

参考文献

阿西莫夫 I.1979.宇宙、地球和大气.王涛,黔冬,等译.北京:科学出版社.
贝尔纳.1959.历史上的科学.伍况甫,等译.北京:科学出版社.
陈久金.2008.中国古代天文学家.北京:中国科学技术出版社.
陈久金.2010.中国天文学史大系——中国古代天文学家.北京:中国科学技术出版社.
陈久金,杨怡.2010.中国古代天文与历法.北京:中国国际广播出版社.
陈美东.2003.中国科学技术史·天文学卷.北京:科学出版社.
陈遵妫.2016.中国天文学史.上海:上海人民出版社.
达娃·索贝尔.2005.伽利略的女儿:科学信仰和爱的历史回忆.谢延光译.上海:上海人民出版社.
戴维·林德伯格.2001.西方科学的起源.王珺,刘晓峰,周文峰,等译.北京:中国对外翻译出版公司.
丹皮尔 W C.1959.科学史及其与哲学和宗教的关系.李珩译.北京:商务印书馆.
杜石然,等.1982.中国科学技术史稿(上、下册).北京:科学出版社.
伏古勒尔 G.2010.天文学简史.罗玉君,李珩译校.北京:中国人民大学出版社.
伽利略.2006.关于托勒密和哥白尼两大世界体系的对话.周煦良,等译.北京:北京大学出版社.
哥白尼.2013.天体运行论.叶式辉译.北京:北京大学出版社.
古斯塔夫·斯威布.2008.希腊神话和传说.楚图南译.北京:人民文学出版社.
荷马.1994.荷马史诗·伊利亚特.罗念生,王焕生译.北京:人民文学出版社.
荷马.1997.荷马史诗·奥德赛.王焕生译.北京:人民文学出版社.
《简明不列颠百科全书》编辑部.1986.简明不列颠百科全书.北京:中国大百科全书出版社.
卡尔·萨根.2008.神秘的宇宙.周秋霖,吴依俤译.天津:天津社会科学出版社.
李约瑟.1988.中国科学技术史.中国科学技术史翻译小组译.北京:科学出版社.
林成滔.2005.科学简史.北京:中国友谊出版公司.
米歇尔·霍斯金.2003.剑桥插图天文学史.江晓原译.济南:山东画报出版社.

牛顿.2008.自然哲学的数学原理.曾琼瑶，王莹，王美霞译.重庆：重庆出版社.
钮卫星.2013.天文学的历史.南京：江苏人民出版社.
潘永祥.1984.自然科学发展简史.北京：北京大学出版社.
乔治·伽莫夫.1981.物理学发展史.高士圻译.北京：商务印书馆.
清华大学自然辩证法教研组.1982.科学技术史讲义.北京：清华大学出版社.
申漳.1981.简明科学技术史话.北京：中国青年出版社.
史蒂芬·霍金.2002.时间简史.许明贤，吴忠超译.长沙：湖南科学技术出版社.
史蒂芬·霍金.2012.宇宙简史（起源与归宿）.赵君亮译.北京：译林出版社.
斯蒂芬·F.梅森.1980.自然科学史.周煦良，等译.上海：上海译文出版社.
汤浅光朝.1984.解说科学文化史年表.张利华译.北京：科学普及出版社.
吴国盛.1996.科学的历程（上、下册）.长沙：湖南科学技术出版社.
吴守贤，全和钧.2008.中国天文学史大系——中国古代天体测量学及天文仪器.北京：中国科学技术出版社.
亚·沃尔夫.1985.十六、十七世纪科学、技术和哲学史.周昌忠，等译.北京：商务印书馆.
亚·沃尔夫.1995.十八世纪科学、技术史和哲学史.周昌忠，等译.北京：商务印书馆.
亚里士多德.2007.天象论·宇宙论.吴寿彭译.北京：商务印书馆.
杨天林.2010.文明的历程.北京：现代教育出版社.
《自然科学大事年表》编写组.1975.自然科学大事年表.上海：上海人民出版社.

后　　记

本套丛书的写作花费了近三年时间，但与此有关的积累和准备工作远超过十年。对文学的爱好和对科学的执着使我找到了一个好的契合点，那就是尽可能用文学的语言讲述科学发展的历程及著名科学家的故事。工作之余，我的几乎所有业余时间的写作都与科学和文化有关。

此时此刻正是北方的春天，窗外渐浓的绿色和灿烂阳光似乎传递着自然的某种气息和对生命的某种祈盼。我首先要感谢科学出版社科学人文分社的侯俊琳社长，没有他的发现和耐心细致的督促，就不会有系统的"科学的故事丛书"的出现。

2015年春天，当俊琳社长与我讨论关于丛书的策划和内容时，我深深感到一位出版人的远见和博大胸怀。这是一件非常有意义、也很有吸引力的工作。我认为，我们的一切发展都必须以脚下的历史为根基。只有在传承科学积淀和历史文化的基础上，我们才能将人类的科学文化发扬光大，并进一步开创美好的未来。以往，在自然哲学和自然科学方面，我们忽视了对历史的关注，本套丛书的出版就是为了弥补这方面的不足。

书中配了适量有趣的漫画插图，线条流畅、幽默风趣，与文字配合默契，使所叙述的故事更加生动、直观和亲切，使读者平添一种身临其境的感觉。本套丛书面向的是那些具有中学以上文化程度的读者，他们对数学、物理学、化学、生物学、天文学、地理学和自然的基础知识有一定了解和理解，同时渴望知道科学的起源，渴望走近源头汩汨不息的溪流。

感谢所有为本套丛书的出版付出心血的人，感谢科学出版社相关领域的专家和审稿人为丛书的面世所做的大量工作，作者从中受益良多。特别感谢本书的责任编辑朱萍萍、张莉、田慧莹、程凤、张翠霞、刘巧巧等老师，他们本着精益求精的原则，对书稿的质量进行了严格把关，在审读、加工和校对的各个环节都表现出了高度的专业精神和责任感。感谢中国科学院自然科学史研究所张柏春所长和关晓武研究员的关心和支持，感谢潘云唐、郭园园、刘金岩、樊小龙、徐丁丁、崔衢、李亮、鲍宁等专家对丛书的仔细审阅和提出的建设性意见。

在此想说明的是，在篇幅有限的作品中，我特别注意文字的可读性、知识的教谕作用和思想的启蒙价值。可以说，书中的每一个单元都是一篇科学散文，我的初衷就是走进历史深处、挖掘科学文化。书中也表达了我在科学教育、科学研究及阅读、写作过程中产生的一些想法和观点，错误和不当之处在所难免，希望富有见解的读者和学者批评指正。

杨天林

2018 年 3 月